天门冬种质资源与药理及其疗养应用研究

欧立军 雷凌华 著

U0301142

科学出版社
北京

内 容 简 介

　　天门冬是一种药食赏疗功能兼备的园林植物。本书基于天门冬种质资源及其分布、形态特征、观赏特征、药材特征、块根结构特征的地区差异、适生环境条件及其繁殖、栽培技术等研究,论述了天门冬的遗传多样性,阐述了天门冬提取物抗衰老、抑菌的机制,提出了天门冬在切叶保鲜、插花程序及其康养作用、临床疗养方面的应用。

　　本书可作为大专院校和科研院所从事园林植物药食赏疗科学研究与生产的科技人员、管理人员、生产人员的参考用书,也可供大专院校风景园林、园林及相关专业的师生阅读。

图书在版编目 (CIP) 数据

天门冬种质资源与药理及其疗养应用研究/欧立军,雷凌华著. —北京:科学出版社,2020.3
　ISBN 978-7-03-063954-7

Ⅰ. ①天…　Ⅱ.①欧…　②雷…　Ⅲ. ①天冬–种质资源–研究②天冬–药理学–研究　Ⅳ.①S567.230.24　②R282.71

中国版本图书馆 CIP 数据核字(2019)第 300284 号

责任编辑:陈　新　尚　册 / 责任校对:郑金红
责任印制:吴兆东 / 封面设计:刘新新

科学出版社 出版
北京东黄城根北街 16 号
邮政编码: 100717
http://www.sciencep.com

北京虎彩文化传播有限公司 印刷
科学出版社发行　　各地新华书店经销
*
2020 年 3 月第 一 版　开本:720×1000　1/16
2020 年 3 月第一次印刷　印张: 8 1/4
字数: 166 000
定价: 98.00 元
(如有印装质量问题,我社负责调换)

前　言

药食赏疗植物是园林植物中一个非常重要的珍稀类群，不仅具有较高的观赏价值和药用价值，还因为富含糖类、氨基酸类和皂苷类等丰富的营养成分而具有很好的食用价值，此外对生活中高发的常见病、亚健康均有较好的疗养功效。党的十八大报告将"生态文明建设"纳入中国特色社会主义事业"五位一体"总体布局，明确提出要大力推进生态文明建设，努力建设美丽中国。党的十九大报告提出实施健康中国战略，为人民群众提供全方位全周期健康服务，坚持中西医并重，传承发展中医药事业，发展健康产业。党和国家的这些战略布局对风景园林事业，尤其是对具有养生保健价值的风景园林事业建设具有非常深远的指导意义。药食赏疗功能兼备的天门冬无疑是一种具有非常重要应用前景的战略性园林植物，可以为祖国的养生风景园林事业、健康战略实施贡献独特的力量。

我们团队自2009年开始天门冬的研究工作，重点开展了天门冬的种质收集、评价和提取物的抗衰老及抑菌研究，这主要是考虑到天门冬传统中草药的身份及其优秀的观赏品质。随着对天门冬提取物抗衰老等研究的深入，开展其遗传多样性及栽培技术研究显得十分必要。本书就是我们团队多年来研究成果的一个集中体现。本书之所以能顺利付梓出版，与我们团队成员的辛勤付出是分不开的，他们分别是湖南省蔬菜研究所危革馆员、怀化学院余朝文教授、全妙华教授、谭娟副教授、贺安娜副教授、梁娟副教授、姚元枝副教授和谭智文、王敏、赵婷婷、郑镇、李军桃、杨伟、肖媛媛、王梓辛、孙海军、易大启、黄园、王俞人、唐瑶、刘佳蒙、李斌、叶威、许栋、杨加强、白成、田玉桥、孙榕、于广游等本科生，湖南农业大学于晓英教授、胥应龙副教授等。

本书相关研究工作和出版得到了国家自然科学基金项目（31470403）、湖南省科技计划项目（2011NK3046 和 2012FJ4292）、湖南省自然科学基金项目（12JJ6025）、湖南省科技计划重点项目（2009FJ2008）、湖南省高校创新平台开放基金项目（12K131）的资助，也得到了湖南省"十二五"重点建设学科"植物学"项目及丽水市森林康养重点科技创新团队项目（2018CXTD02）的资助。在本书出版过程中，丽水学院及其生态学院的领导给予了大力支持。在此，一并致以真挚的谢意！

　　本书在撰写过程中参阅、引用了一些其他研究人员的研究成果，书中均有相应的详细标注，在此特向相关研究者表示诚挚的谢意！限于学识水平，书中不足之处在所难免，敬请读者批评指正，我们将不胜感激！

作　者

2019 年 5 月

目　　录

第1章 天门冬概述

天门冬为百合科天门冬属植物，营养成分丰富，是药食同源植物。天门冬常以干燥块根入药，具有养阴润燥、清肺生津的功效，自2000年以来被《中华人民共和国药典》（以下简称《中国药典》）的各版本收载。

1.1 我国天门冬种质资源及其分布

1.1.1 我国天门冬的名称

天门冬最早载于《神农本草经》，《名医别录》《本草经集注》《本草图经》《本草正义》《本草纲目》等中也均有记载。天门冬在《神农本草经》中又名颠勒。《尔雅注》引云："门冬，一名满冬。"《说文》云："蘠，蘠蘼，虋冬也。"《山海经·中山经》云："条谷之山，其草多宜冬。"《列仙传》云："赤须子食天门冬。"《抱朴子内篇》云："天门冬，或名地门冬，或名筵门冬，或名颠棘，或名淫羊食，或名管松。"《尔雅》云："髦，颠蕀，百合科攀援草本植物，又别名商蕀。"郭璞注："细叶，有刺，蔓生，一名商蕀。《广雅》云'女木也'。"《尔雅》又云："蘠蘼，虋冬。虋冬，一名满冬，即蔷薇，也称天门冬、麦门冬。"《本草纲目》作"颠勒，颠棘，天棘，万岁藤"，谓"此草蔓茂，而功同麦门冬，故曰天门冬，或曰天棘"。明代李时珍《本草纲目·草七·营实蘠蘼》云："蔷薇、山棘、牛棘、牛勒、刺花。此草蔓柔，靡依墙援而生，故名蘠蘼。其茎多棘刺勒人，牛喜食之，故有山刺、牛勒诸名。"《救荒本草》云："天门冬，俗名万岁藤，又名娑罗树。其形与治肺之功颇同百部，故亦名百部也。"

从上述描述可以发现，天门冬在我国历史上有过颠勒、颠棘、天棘、山棘、牛棘、牛勒、刺花、满冬、门冬、天门冬、麦门冬、地门冬、筵门冬、蘠蘼、虋冬、淫羊食、管松、商蕀、百部、万岁藤、娑罗树等一系列异名，名称繁多，极易混乱。因此，在我国历史上天门冬有多种名称，或将多种植物都称为天门冬，相互混淆而出现张冠李戴现象。

一些研究者通过本草考证与实地考察，发现我国古代所用的天门冬应是天门冬（*Asparagus cochinchinensis*）和密齿天门冬（*A. meioclados*）（张天友和秦松云，1992a；罗向东等，1996）。

1.1.2 我国天门冬种质资源分布

根据《中国植物志》（中国科学院中国植物志编辑委员会，1978）、《中国药典》（2015 年版）（国家药典委员会，2015）、韦树根等（2011）及本文作者的研究发现，除美洲以外，全世界温带至热带地区均有天门冬种质资源的分布，约有 300种，而我国分布有 24 种及一些外来栽培种。我国的天门冬野生种质资源从河北、山西、陕西、甘肃等省的南部至华东、中南、西南各省（自治区）都有分布，主要分布于四川、贵州、云南、湖南、湖北、河南、江苏、浙江、安徽、江西、广西、广东、福建、台湾、河北、山西、陕西、甘肃等省（自治区）（中国科学院中国植物志编辑委员会，1978），以长江以南为其主要分布区，以贵州、四川、浙江、云南等省为主产区，商品生产以贵州省产量最大、品质最佳，常年销往全国各地，并出口至东南亚地区。多生于海拔 1750m 以下的山坡上、路旁、疏林下、山谷或荒地上。

1.1.2.1 山文竹（新种）

山文竹（*A. acicularis*）主要分布于江西（西北部）、湖南、湖北、广东（西北部）和广西（中部至东北部）等省（自治区）。生于海拔 80～140m 的草地上、湖边或灌丛中。

1.1.2.2 天门冬

天门冬（*A. cochinchinensis*），别名明天冬、麦毛冬、甜红苕，自河北、山西、陕西、甘肃等省的南部至华东、华南、中南、西南各省（自治区）都有分布。西南主产于宜宾、凉山、绵阳、乐山和重庆的涪陵、万州（张天友和秦松云，1992b），华南主产于百色、天峨、罗城、宜州、融水、桂林、贺州、金秀、玉林、贵港等地（黄宝优等，2011），盆地及其边缘山区普遍有分布。常生于海拔 1750m 以下的山坡上、路旁及疏林下或荒地上。也见于朝鲜、日本、老挝和越南。

1.1.2.3 密齿天门冬

密齿天门冬（*A. meioclados*），别名小天冬，产于四川（西南部，主产于米易、布拖、昭觉、盐源、宁南、会东、越西、甘洛、西昌等地）（张天友和秦松云，1992b），贵州（东南部）和云南（西北部至东南部）。大多数生于海拔 1150～2500m 的林下、山谷、溪边或山坡上。

1.1.2.4 羊齿天门冬

羊齿天门冬（*A. filicinus*），别名土百部、土寸冬、千锤打、九十九条根。产于山西（西南部），河南，陕西（秦岭以南），甘肃（南部），湖北，湖南，浙江，四川（主产于绵阳、乐山、宜宾、甘孜、雅安、凉山、达州等地），重庆的涪陵与万州，贵州和云南（中部至西北部）。主要生于海拔 1200～3000m 的丛林下或山谷阴湿处。也分布于缅甸、不丹和印度。

1.1.2.5　短梗天门冬

短梗天门冬（*A. lycopodineus*），别名乌冬、千锤打、土百部、耗儿子屎。产于云南（东南部至西部），广西（西南部，那坡、凤山、乐业、凌云、田林、隆林）（黄宝优等，2011），贵州，四川（雅安、乐山、宜宾、达州、阿坝、南充），重庆（涪陵、江津），湖南（西部），湖北（西部），陕西（南部）和甘肃（南部）。多生于海拔 450～2600m 的灌丛中或林下。也分布于缅甸和印度。

1.1.2.6　西南天门冬

西南天门冬（*A. munitus*），主要分布于四川（西南部木里、稻城、康定、茂县、西昌等）（张天友和秦松云，1992b）和云南（北部永宁）。生于海拔 1900～2400m 的灌丛中、水沟边或林缘。

1.1.2.7　石刁柏

石刁柏（*A. officinalis*），别名水柏香、芦笋。原产于欧洲，我国新疆西北部（塔城）有野生分布，四川（泸县、巴中、南充等），重庆，山东，广西（桂林、南宁）（黄宝优等，2011）等地区有栽培。

1.1.2.8　非洲天门冬

非洲天门冬（*A. densiflorus*），原产于非洲南部，现已广泛盆栽于庭园供观赏，以成都和重庆为多（张天友和秦松云，1992b）。

1.1.2.9　长花天门冬

长花天门冬（*A. longiflorus*），分布于河北（兴隆一带），内蒙古（贺兰山、锡林郭勒盟的正镶白旗），黑龙江（甘南地区），山东（北部），山西，陕西（中部、秦岭以北），甘肃（东部、中部至东南部），青海（东部），河南（西北部）和湖北（丹江口）。除了在甘肃、青海生于海拔 2400～3300m，在其他地区其多生于海拔 2300m 以下的山坡上、林下或灌丛中。

1.1.2.10　攀援天门冬

攀援天门冬（*A. brachyphyllus*），分布于我国吉林（白城、乾安），辽宁（大连），河北（西部、北部），山西（中部至北部），陕西（中部、北部），宁夏（贺兰山北部、东部），黑龙江（甘南地区），山东（北部沿海贝沙滩地）（赵丽萍和张韩杰，2011），内蒙古（和林县、准格尔旗南部等阴南丘陵），甘肃（中部），青海（东北部）。生于海拔800～2000m 的山坡上、田边或灌丛中。朝鲜亦有分布。

1.1.2.11　曲枝天门冬

曲枝天门冬（*A. trichophyllus*），分布于内蒙古（苏尼特右旗、正镶白旗、太仆寺旗、多伦县、丰镇市、科尔沁右翼前旗、东胜区、康巴什区、达拉特旗、准格尔旗、鄂托克前旗、鄂托克旗、杭锦旗、乌审旗、伊金霍洛旗，以及大青山、蛮汗山、乌拉山等阴山山脉、阴南丘陵）；辽宁（西南部）；河北（西部至北部）和山西（中部至北部）。生于海拔 2100m 以下的山地上、灌丛中、砂质地上、路旁、田边或荒地上。

1.1.2.12　西北天门冬

西北天门冬（*A. persicus*），分布于新疆（准噶尔盆地和塔里木盆地一带），青海（柴达木盆地），甘肃（西北部、河西走廊），宁夏（贺兰山）和内蒙古（阿拉善左旗、阿拉善右旗、贺兰山、额济纳旗）。生于海拔 2900m 以下的盐碱地、戈壁滩、河岸或荒地上。西伯利亚、中亚、蒙古国和伊朗也有分布，属于中亚荒漠种（徐杰等，2000）。

1.1.2.13　兴安天门冬

兴安天门冬（*A. dauricus*），分布于黑龙江，吉林，辽宁，内蒙古（兴安北部、兴安南部、呼锡高原、科尔沁草原、燕山北部、赤峰丘陵、阴南丘陵、鄂尔多斯），河北（北部），山西（北部），陕西（北部），山东（山东半岛）和江苏（东北部）。属于华北-东北-蒙古高原种（徐杰等，2000），生于海拔 2200m 以下的林缘、草原、沙丘、多沙坡地或干燥山坡上。也分布于朝鲜、蒙古国和俄罗斯西伯利亚。

1.1.2.14　戈壁天门冬

戈壁天门冬（*A. gobicus*），分布于内蒙古（中部至西部及乌兰察布、阿拉善左旗、阿拉善右旗、鄂尔多斯等），陕西（北部），宁夏，甘肃（中部至西北部、河西走廊）和青海（东北部）。生于海拔 1600～2560m 的沙地或多沙荒原上。属于戈壁蒙古种，生于荒漠和荒漠化草原地带的沙地及砂砾质干河床、湖盆边缘、黄土丘陵（徐杰等，2000）。也分布于蒙古国。

1.1.2.15　折枝天门冬

折枝天门冬（*A. angulofractus*），分布于新疆（于田、皮山、乌恰、疏附一带等塔里木盆地西南部，喀什地区，天山地区）；内蒙古（鄂尔多斯的鄂托克前旗，乌海市海南区的巴音陶亥、额济纳旗）；甘肃（河西走廊）；青海（柴达木盆地）及昆仑山。属于亚洲中部戈壁种（徐杰等，2000），生于海拔 1350～2000m 的砂质土、荒漠带砂质盐碱地、绿洲边缘、田埂上。哈萨克斯坦亦有分布。

1.1.2.16　多刺天门冬

多刺天门冬（*A. myriacanthus*），分布于云南西北部（迪庆的维西、德钦、香格里拉），西藏东南部（察瓦龙），四川（甘孜的稻城、巴塘、乡城、白玉、康定、得荣等县市）（张天友和秦松云，1992b）。生于海拔 2100～3100m 的开阔山坡上、石缝、河岸多沙荒地或灌丛中。

1.1.2.17　新疆天门冬

新疆天门冬（*A. neglectus*），分布于新疆北部（塔城、阿勒泰、福海、伊吾），内蒙古（阿拉善右旗中部的雅布赖山、伊金霍洛旗的阿勒腾席热镇）。属于中亚荒漠山地种，生于海拔 580～1700m 的砂质河滩、河岸、草坡或丛林下。哈萨克斯坦东部、帕米尔—阿赖地区也有分布。

1.1.2.18　文竹

文竹（*A. setaceus*），别名云竹，原产于非洲南部。属于中生植物，我国各地常见栽培种，作观赏花卉用。

1.1.2.19　龙须菜

龙须菜（*A. schoberioides*），分布于黑龙江，吉林，辽宁，河北，河南（西北部），山东（北部），山西，陕西（中南部、秦岭北坡），甘肃（东南部），内蒙古（兴安北部的科尔沁右翼前旗五叉沟、鄂伦春自治旗小二沟、兴安南部、大青山）。属于东亚北部种，生于海拔 400～2300m 的草坡或林下、林缘、灌丛中、草甸上和山地草原上。蒙古国，日本，朝鲜和俄罗斯（达乌里、远东）也有分布。

1.1.2.20　青海天门冬

青海天门冬（原变种）（*A. przewalskii*），分布于内蒙古（锡林郭勒盟太仆寺旗炮台营子），青海（东北部），甘肃（卓尼、岷县、迭部、康乐）。为唐古特东部种，属于中生植物，生于河谷阶地、阴坡杂木林及灌丛中（徐杰等，2000）。

1.1.2.21　贺兰山天门冬（新变种）

贺兰山天门冬（新变种）（*A. przewalskyi* var. *alaschanicus*），分布于宁夏的贺兰山（南寺）。属于中生植物，生于山地上、林下及灌丛中（徐杰等，2000）。

1.1.2.22　南玉带

南玉带（*A. oligoclonos*），分布于黑龙江（南部），吉林，辽宁，内蒙古（锡林浩特、西辽河平原、兴安北部南端、兴安南部、科尔沁、呼锡高原东乌旗农乃庙），河北（东部），山东（北部至东部）和河南（西部）。属于东亚北部中生植物，生于海拔较低的林下或潮湿地上、林缘、草甸中（徐杰等，2000）。日本，朝鲜，俄罗斯（达乌里、远东）也有分布。

1.1.2.23　盐源天门冬

盐源天门冬（*A. yanyuanensis*），产于盐源，生于海拔 2300～2700m 的小金河林中（张天友和秦松云，1992b）。

1.1.2.24　四川天门冬

四川天门冬（*A. sichuanicus*），产于新龙、丹巴、德格、康定、汶川、茂县、若尔盖、松潘等地。生于海拔 1800～3100m 处的草坡上或路边灌丛中（张天友和秦松云，1992b）。

1.1.2.25　昆明天门冬

昆明天门冬（*A. mairei*），分布于云南中部（昆明）、四川（会东）（张天友和秦松云，1992b）。生于海拔 2300～3000m 的林下或灌丛中。

1.1.2.26　大理天门冬

大理天门冬（*A. taliensis*），分布于云南中部和西北部（昆明、嵩明、大理一带），四川（盐源、布拖等县）。生于海拔 1850～2100m 的山坡灌丛中（张天友和秦松云，1992b）。

1.1.2.27　甘肃天门冬

甘肃天门冬（*A. kansuensis*），产于甘肃南部（文县、舟曲一带）和四川（九寨沟县）（张天友和秦松云，1992b），生于海拔 900～1600m 的山坡林下、溪边及灌丛中。

1.1.2.28　滇南天门冬（新种）

滇南天门冬（新种）（*A. subscandens*），产于云南南部（西双版纳、普洱、屏边一带），生于海拔 850～1700m 的林下或灌丛中。

1.1.2.29　西藏天门冬（新种）

西藏天门冬（新种）（*A .tibeticus*），产于西藏（拉萨、仁布一带），生于海拔 3800～4000m 的路旁、村边或河滩上。

1.1.2.30　细枝天门冬

细枝天门冬（*A. trichoclados*），产于云南中南部（镇沅、临沧一带），生长在海拔 1150～1350m 的疏林下或开阔山坡上。

在以上所述天门冬属植物中，羊齿天门冬、石刁柏、非洲天门冬、兴安天门冬、南玉带、天门冬、文竹、龙须菜、滇南天门冬等 9 种天门冬属植物具有药用价值（温晶媛等，1993）。

1.2　天门冬的特征

1.2.1　天门冬的形态特征

天门冬（*A. cochinchinensis*）属于被子植物门（Angiospermae）单子叶植物纲（Monocotyledoneae）百合目（Liliflorae）百合科（Liliaceae）天门冬属（*Asparagus*）多年生常绿半蔓性草本或亚灌木花卉。

植株呈攀援状，全株无毛，茎平滑柔软细长，长达 1～2m，常弯曲或扭曲，多分枝。分枝具棱，或延展成狭翅，叶状。其叶状枝呈线形，极为细小，色青绿，多数簇生，常常每 3 枚成簇，扁平或由于中脉龙骨状而略呈锐三棱形，稍镰刀状，长 1～3cm。叶退化为鳞片状，先端长尖，由全年常绿的扁平叶状小枝代替退化的叶片进行光合作用，基部具木质倒生硬刺。刺在茎上，长 2.5～3.5mm，在分枝上较短或不明显。贮藏根稍肉质，中部或先端膨大，呈纺锤状，膨大部分长 3～5cm，直径 1～2cm。单性花，通常每 2 朵腋生，雌雄异株；花梗长 2～6mm，一般有关节，关节一般位于中部，有时位置有变化；雄花花被呈钟形，花被片 6 枚，长 2.5～3mm，离生，少有基部稍合生；雄蕊稍短于花被，着生于花被片基部，通常内藏；花丝不贴生于花被片上；花药呈卵形，长约 0.7mm，基部二裂，背着或近背着，内向纵裂；雄花与雌花大小相似，具 6 枚退化雄蕊。花淡绿色。花柱明显，柱头 3 裂，子房 3 室。浆果较小，球形，直径 6～7mm，基部有宿存的花被片，果实成熟时呈红色，有 1 粒种子。

本种叶状枝的形状、大小有很大变化，但可以根据茎攀援有刺、叶状枝一般每 3 枚成簇、扁平或稍呈锐三棱形、花梗较短、根的中部或末端具肉质膨大部分等特征区别于其他种类。

1.2.2 天门冬的观赏特征

天门冬为多年生常绿半蔓性花卉，茎常弯曲或扭曲，平滑柔软细长，姿态秀逸。花通常每 2 朵腋生，淡绿色至白色，有淡淡的香味。花期 5～6 月。浆果直径 6～7mm，成熟时呈红色，果期 8～10 月。花清香宜人，小果由绿变红，秀丽可爱。

亮绿色叶状小枝细小而扁平，像松针一样有序地着生于散生悬垂的茎上。盆栽天门冬置于高架上，纤细柔软的叶状小枝如飞瀑垂悬而下，动感十足。一到秋冬季节，天门冬就开始挂果，果实由浅绿变红，红果满枝头。天门冬既拥有文竹般的秀丽，又具有吊兰般的飘逸，因此具有非常高的观赏价值。

1.2.3 天门冬的药材特征

1.2.3.1 块根特征

天门冬块根呈长纺锤形，其表面颜色为浅黄棕色或黄白色，长 5～18cm，直径 0.5～2cm，中部肥大饱满，两端渐小而端钝，微弯曲，块体呈现油润半透明状，块面有深浅不一的纵皱纹，偶有残存的外皮呈灰棕色。干透的块根质地硬而脆，折断面平坦，角质中心有黄白色的中柱。未干透的块根质地柔软，带黏性，气微，味甘、微苦。

1.2.3.2 粉末特征

碾碎的块根粉末呈灰黄色，石细胞较多，呈长椭圆形、长条形或类圆形，大多呈单个离散状态，也有的 3 个或 3 个以上聚集，呈淡橙黄色或无色，偶破碎断裂，完整者长度为 85～460μm，直径为 32～88μm，细胞壁厚 13～37μm，纹孔及孔沟极细密，细胞腔宽狭不一，草酸钙针晶成束或散在，长 40～99μm。导管具缘纹孔，直径 18～110μm。导管旁薄壁细胞呈长方形或延长，端壁平截或倾斜，直径 16～32μm，细胞壁较厚，纹孔呈长裂缝状或相交呈"人"字形。

1.2.4 天门冬块根结构特征的地区差异

道地性是中药材的一个重要特点，药材质量表现出一定的产地差异。药材道地性主要与微量元素、有效成分和遗传因素等相关，其鉴别手段多样，利用细胞结构来区分药材的不同产地是其中的一种重要手段。石蜡切片又称为永久制片，是组织学常规制片技术中常用的方法，可以用于观察正常细胞组织的形态结构，已被广泛应用于研究植物结构（谭智文等，2011）。

1.2.4.1　材料与方法

1. 材料

采用贵州凯里、湖南通道和云南曲靖 3 个不同产地的天门冬。

2. 方法

采取石蜡切片技术，主要包括固定、冲洗、染色、水洗、碱处理、脱水、透明、浸蜡、包埋、固着与修整、切片、贴片、干燥、脱蜡、封片、观察并照相。

1.2.4.2　天门冬的块根结构特征

3 个不同居群天门冬的块根结构基本相似，从外到内都具有表皮、皮层、中柱鞘、木质部和韧皮部及髓等基本结构。

1. 贵州凯里天门冬

表皮由 6～7 列不规则的细胞构成，细胞排列较为紧密，细胞多数为长方形、类长方形，直径较小，细胞壁稍有增厚，排列不规整。皮层由 25～35 列规则的细胞构成，约占整个细胞直径的 2/3，其细胞间排列紧密，含有大量的草酸钙针晶束。内皮层较为明显，由一列类圆形细胞紧密排列而成，凯氏带不明显，细胞壁没有增厚。中柱鞘细胞为一列无色类圆形的薄壁细胞，构成环状，比内皮层细胞大。木质部和韧皮部各由 20～35 列细胞相互间隔排列而成，导管有的伸至髓部。髓发达，由圆形或椭圆形的薄壁细胞构成，无色，中间含有少量的草酸钙针晶束（图 1-1A，图 1-1B）。

2. 湖南通道天门冬

表皮由 4～5 列不规则的细胞组成，细胞排列紧密而不规整，细胞壁没有增厚。皮层细胞无色、宽广，由 20～24 列细胞构成，细胞多数为长方形、圆形、类长方形及类圆形，直径较大，大约占整个细胞直径的 3/4，细胞排列紧密，皮层中间含有较多的草酸钙针晶束，并分散有黏液细胞，内含丰富的黏液质。内皮层明显，由一列类圆形细胞紧密排列而成，细胞保持了初期发育阶段的结构，具有明显的凯氏带，且细胞壁明显增厚。中柱鞘细胞由一列无色类圆形的薄壁细胞构成环状，比内皮层细胞稍大。木质部和韧皮部各由 15～30 列细胞相互间隔排列而成，导管有的伸至髓部。髓发达，由圆形或椭圆形的薄壁细胞构成，无色，内含少量的草酸钙针晶束（图 1-1C，图 1-1D）。

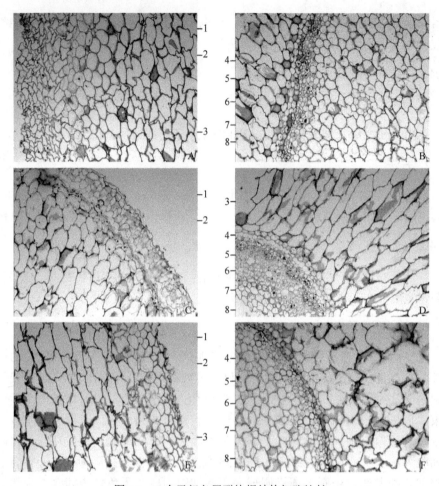

图 1-1 3 个天门冬居群块根结构细胞比较

A，B. 贵州凯里天门冬；C，D. 湖南通道天门冬；E，F. 云南曲靖天门冬
1. 表皮；2. 皮层；3. 草酸钙针晶束；4. 内皮层；5. 中柱鞘；6. 韧皮部；7. 木质部；8. 髓

3. 云南曲靖天门冬

表皮由 3～4 列不规则的细胞组成，细胞壁增厚，细胞多为圆形、椭圆形、长方形及类长方形。皮层细胞无色、宽广，由 18～25 列细胞组成，直径大，大约占整个细胞直径的 4/5，排列紧密，含有草酸钙针晶束。内皮层明显，由一列类圆形及长方形细胞紧密排列而成，无凯氏带，某些部位细胞壁增厚。中柱鞘由一列圆形的薄壁细胞构成环状，比内皮层细胞小。木质部和韧皮部各由 7～15 列细胞相互间隔排列而成，导管有的伸至髓部。髓发达，由圆形或椭圆形的薄壁细胞构成，无色（图 1-1E，图 1-1F）。

4. 不同产地天门冬的块根结构比较

3 个不同产地的天门冬其块根结构具有以下共同的特点：①3 个不同产地的天门冬块根细胞形状多为圆形、类圆形、椭圆形、长方形和类长方形等；②块根表皮都是由一群不规则的细胞构成，细胞排列都较为紧密；③块根皮层都是由多层细胞叠加构成，且占细胞直径的比例都比较大，都含有草酸钙针晶束；④块根的中柱鞘都由一列无色的圆形薄壁细胞构成环状；⑤块根的木质部和韧皮部束都是相互间隔排列，有些导管都伸至髓部；⑥块根的髓都比较发达，都由一列圆形或椭圆形的薄壁细胞构成，且无色（表 1-1）。

表 1-1　3 个不同产地天门冬块根结构细胞比较

块根结构	贵州凯里天门冬	湖南通道天门冬	云南曲靖天门冬
表皮	不规则的细胞，排列较为紧密，6~7 列，圆形、椭圆形、类圆形和类长方形	不规则的细胞，排列较为紧密，4~5 列，圆形、长方形、类圆形和类长方形	不规则的细胞，排列较为紧密，3~4 列，圆形、椭圆形、长方形及类长方形
皮层	多层细胞叠加，有草酸钙针晶束，内皮层凯氏带不明显，细胞壁没有增厚	多层细胞叠加，有草酸钙针晶束，内皮层凯氏带明显，细胞壁明显增厚	多层细胞叠加，有草酸钙针晶束，内皮层无凯氏带，某些部位细胞壁增厚
中柱鞘	一列薄壁细胞构成环状，比内皮层细胞大	一列薄壁细胞构成环状，比内皮层细胞大	一列薄壁细胞构成环状，比内皮层细胞小
木质部和韧皮部	相互间隔排列，各 20~35 列，部分导管伸入髓部	相互间隔排列，各 15~30 列，部分导管伸入髓部	相互间隔排列，各 7~15 列，部分导管伸入髓部
髓	发达，圆形或椭圆形的无色薄壁细胞，含少量草酸钙针晶束	发达，圆形或椭圆形的无色薄壁细胞，含少量草酸钙针晶束	发达，圆形或椭圆形的无色薄壁细胞，无针晶束

3 个不同产地的天门冬块根结构的不同点主要表现在以下几个方面：①构成块根表皮的细胞层数不同。贵州凯里天门冬的块根表皮由 6~7 列细胞组成，湖南通道天门冬的块根表皮由 4~5 列细胞组成，云南曲靖天门冬的块根表皮由 3~4 列细胞组成，贵州凯里和湖南通道天门冬的细胞壁相对稍厚。②块根内皮层的凯氏带表现出一定的差异性。来自湖南通道的天门冬块根内皮层具有非常明显的凯氏带，细胞壁增厚明显；来自贵州凯里的天门冬块根则具有不明显的凯氏带，细胞壁没有增厚现象；而来自云南曲靖的天门冬块根则没有凯氏带，但有些部位的细胞壁有增厚现象。③块根中柱鞘的大小不同。贵州凯里和湖南通道的天门冬中柱鞘细胞与内皮层细胞相比较大，而云南曲靖的天门冬较小。④木质部和韧皮部束相互间隔排列的数量不同。贵州凯里天门冬的块根木质部和韧皮部束相互间隔排列的数量为 20~35 列，而湖南通道天门冬块根则为 15~30 列，云南曲靖天门冬最少，为 7~15 列。⑤块根髓含有的草酸钙针晶束数量不同。贵州凯里天门冬和湖南通道天门冬含有少量的草酸钙针晶束，但贵州凯里天门冬所含的草酸钙针晶束数量多于湖南通道天门冬，而云

南曲靖天门冬髓中则没有草酸钙针晶束（表 1-1）。

1.3 天门冬的应用特点

1.3.1 天门冬的观赏特点

天门冬既可作小型盆栽植物，用于室内外装饰，又可作花束、花篮、花环的配饰材料，起到很好的陪衬作用，还可作花园造景的配景材料。

1.3.2 天门冬的药用特点

天门冬的药用部位主要是块根，它性寒，气微，味甘、微苦。欧立军等（2010）的研究发现，块根具有养阴润燥、清热生津的功效，内用能治疗肺结核、支气管炎、白喉、百日咳、口燥咽干、热病口渴、糖尿病和大便燥结等病症，外用能治疗疮疡肿毒、蛇咬伤等。此外，天门冬多糖 ACP1 具有清除自由基和抗脂质过氧化的作用；天门冬 75%乙醇提取物具有很强的抑制溃疡形成的作用；天冬氨酸钾镁盐 100mg/kg 对急性心肌缺血有明显的对抗作用；天门冬对急性淋巴细胞白血病、慢性粒细胞白血病及急性单核细胞白血病患者白细胞的脱氢酶有一定的抑制作用，并能抑制急性淋巴细胞白血病患者白细胞的呼吸等功能（欧立军等，2010）。

1.3.3 天门冬的食用特点

天门冬不仅可药用，还可以食用。天门冬的主要成分为糖类、氨基酸类和皂苷类等，因此天门冬具有较高的食用价值（欧立军和贺安娜，2013）。天门冬还可以用来泡酒、炼膏、熬粥，具有养阴润燥、降火、滋阴、润肺、益气的作用。

1.4 天门冬的适生环境条件

1.4.1 天门冬的适生光温条件

研究发现，天门冬多自然生长在密林边缘或零星树下的灌木杂草丛中，林木下部为天门冬提供高度荫蔽的光照条件，在温暖、湿润、荫蔽而又有散射光的环境条件下天门冬植株生长良好，块根多而高产（戴德吉，1992；曾桂萍等，2010）。如果空气干燥、高温和暴晒，叶状枝常常发黄失去光泽，秋后如果光照不足，果实很难变红（梁朝晖和刘晶，1997）。贵州天门冬适合在半阴半阳的环境中生长，喜欢湿润但又忌涝，属于耐阴植物（曾桂萍等，2010）。

天门冬不耐严寒，忌烈日直射，忌高温，适宜生长于夏季凉爽、冬季温暖、年平均气温 18～20℃的地区（陆善旦，2001）。天门冬喜阴，怕强光，幼苗在强光照条件下生长不良，叶色变黄甚至枯苗。

1.4.2　天门冬的适生土壤条件

天门冬最适合在砂质黏壤土中生长。土壤过砂或过黏都不适宜天门冬生长，影响其产量和品质（戴德吉，1992；曾桂萍等，2010）。

天门冬对土壤酸碱性的适应范围很广，但不同变种的天门冬对土壤酸碱性仍有一定选择，同一类型的天门冬适宜 pH 的范围仍很严格（戴德吉，1992）。

天门冬块根发达，入土深达 50cm，适宜在土层深厚、土壤疏松肥沃、湿润且排水良好的砂壤土（黑砂土）或腐殖质丰富的土壤中生长（陆善旦，2001）。

1.4.3　天门冬的肥力环境条件

天门冬是耐肥作物，丰富的有机质可保持土壤疏松透气，充足的氮肥促使天门冬生长繁茂，足够的磷钾肥有利于天门冬的块根膨大，从而提高天门冬的块根产量和品质（戴德吉，1992）。

贵州天门冬在有机质、碱解氮、速效钾含量较低的土壤中均能正常生长，适宜生长在全氮含量为 1.00～7.00g/kg、碱解氮含量为 0.20～0.60g/kg 的土壤中，适宜生长在缓效钾、速效钾含量均在 0.10～0.40g/kg 的土壤中，对富含有机质的土壤环境表现出较高的生长适应性，最适合生长在有机质含量为 160.00～190.00g/kg 的土壤中。因此，为了获得高产、优质的药材，在规模化种植天门冬时应选择具有一定荫蔽度、土壤肥沃、排灌便利的地块进行种植（曾桂萍等，2010）。

参 考 文 献

戴德吉. 1992. 天门冬适生环境的调查研究. 浙江农业科学, (5): 246-249.

国家药典委员会. 2015. 中华人民共和国药典. 2015 年版. 北京: 中国医药科技出版社: 37-38.

黄宝优, 韦树根, 柯芳, 等. 2011. 广西天门冬种质资源调查报告. 北方园艺, (10): 161-163.

梁朝晖, 刘晶. 1997. 天门冬的栽培技术. 吉林蔬菜, 3(5): 27-28.

陆善旦. 2001. 天门冬药材栽培. 广西农业科学, (3): 146-147.

罗向东, 徐国钧, 徐珞珊, 等. 1996. 中药天门冬类的本草考证. 中国中药杂志, 21(10): 579-580.

欧立军, 贺安娜. 2013. 天门冬主要营养物质的月变化规律研究. 怀化学院学报, 32(11): 1-5.

欧立军, 叶威, 白成, 等. 2010. 天门冬药理与临床应用研究进展. 怀化学院学报, 29(2): 69-71.

谭智文, 王敏, 赵婷婷, 等. 2011. 3 个产地天门冬块根结构比较研究. 中国民族医药杂志, 17(10): 40-43.

万煜. 1991. 中国天门冬属一新种. 广西植物, 11(4): 289-290.

韦树根, 马小军, 柯芳, 等. 2011. 中药天冬研究进展. 湖北农业科学, 50(20): 4121-4124.

温晶媛, 李颖, 丁声颂, 等. 1993. 中国百合科天门冬属九种药用植物的药理作用筛选. 上海医科大学学报, (2): 107-111.

徐杰, 赵一之, 刘桂香. 2000. 蒙古高原天门冬属植物的分类研究. 中国草地, (5): 10-17.

余泽龙. 1999. 药用及观赏植物——天门冬. 中国林副特产, (4): 53.

俞杰, 王亚非. 2000. 观察叶绿体的好材料——天门冬. 生物学通报, 35(1): 42.

曾桂萍, 刘红昌, 张先. 2010. 贵州天门冬适生环境的调查研究. 贵州农业科学, 38(2): 48-50.

张天友, 秦松云. 1992a. 天门冬的本草考证. 中药材, 15(12): 43.

张天友, 秦松云. 1992b. 四川天门冬属植物资源. 资源开发与保护, 8(4): 268-269.

赵丽萍, 张韩杰. 2011. 攀援天门冬染色体核型分析. 湖北农业科学, 50(3): 536-538.

中国科学院中国植物志编辑委员会. 1978. 中国植物志. 第十五卷. 北京: 科学出版社: 103-120.

朱立强. 2008. 天门冬的药用价值及栽培. 特种经济动植物, (12): 34.

第 2 章　天门冬的繁殖

天门冬是一种常用的中药材，药用历史悠久，在《神农本草经》和《备急千金要方》等中均有记载，其块根具有养阴润燥、清肺生津的功效，常用于治疗肺燥干咳、咽干口渴、肠燥便秘等症，也可作滋补品使用。由于天门冬的应用范围很广，市面上每年都呈现供不应求的现象，但是天门冬人工种植起步晚，技术不成熟，种植周期也较长，而且天门冬的资源非常有限，尤其野生天门冬资源随开采的增加逐年减少，因此，大力开展天门冬的繁殖研究势在必行。

天门冬的繁殖主要分为分株繁殖和种子繁殖，分株繁殖的繁殖系数较低，而一般情况下种子繁殖发芽率低，并且发芽的整齐度不高，出苗所需时间长，种植时难以控制栽植时间。

天门冬的种子黑色，呈球形，表面光滑亮泽，质地坚硬致密，直径 3～5mm，包被于红色浆果之中。种子千粒重为 52.61g，每千克天门冬种子约有 2 万粒。根据刘玉艳等（2007）对天门冬种子萌发特性的研究，天门冬种子变异系数为 2.727%，种子生活力高达 98.7%，但种子吸水率很低，种皮对种子发芽无抑制作用。浸泡天门冬种子 48～96h 能显著促进其萌发，使之发芽快且整齐，浸泡 72h 和浸泡 96h 的种子发芽天数均为 20d，且发芽率在 98% 以上；浸泡时间低于 72h 时，天门冬种子发芽时间延长，发芽率较低，而且增长缓慢。同时发现，在黑暗条件下，40℃和 60℃的水浸泡对天门冬种子萌发有利，3℃低温、湿沙贮藏的种子在贮藏 3 个月后发芽天数减少，发芽所需天数最少的是室温、湿沙贮藏的天门冬种子。

2.1　天门冬的常规育苗技术

2.1.1　天门冬的常规繁殖方法

繁殖天门冬通常采用以下 3 种方式：第一，自然界中的种子成熟后落到土壤中自然繁殖，长出新植株；第二，将多年生老根蔸分成数个小株，每小株保留 2 或 3 个小块根和 7 个芽眼，进行人工分株繁殖；第三，将小块根人工分出，以小块根作繁殖体，小块根上段出芽即成植株。3 种方式中第二种分株繁殖和第三种块根繁殖速度相对较慢，第一种种子育苗繁殖相对较快。在天门冬栽培过程中，如果育苗、移栽技术掌握不当，出苗率、成活率低，会影响大面积生产。

2.1.2　天门冬的种子培养

天门冬雌雄异株，在自然情况下，雌雄比例一般为 1：2 左右。天门冬一年生苗栽培 3 年后开始结籽，分株繁殖苗栽培 1～2 年后开始结籽。相对于营养繁殖植株，实生苗成年株种子产量较高，栽培条件下天门冬雌雄比例一般可保持在 2：1 左右（毛子文和谭林彩，2009）。在栽培管理过程中对天门冬雌株增施肥料，加强管理，有利于天门冬雌株多结实产种子。

2.1.3　天门冬的种子收藏

天门冬的种子采收时间以天门冬果色由绿色变成黄色或红色，果实里面的种子变成黑色时为宜。采收后将天门冬熟果堆积发酵腐熟，稍腐即用清水洗去果肉，选留粒大而饱满的种子，并即刻与湿沙混合保存，禁止风干晾晒。应掌握好贮种用的湿沙含水量，以手捏成团、手松即散为宜。种子与沙粒细小的湿粉沙按 1：2 的比例拌匀装箱，厚度 30cm，上覆一层 3～5cm 厚的湿沙，压实。将贮种箱置于室内阴凉处保存，保湿、防鼠害。

2.1.4　天门冬种子的播前处理

9～10 月秋播天门冬种子前，将采收的果实以堆积发酵法洗去果肉露出种子，直接播种；2～3 月播种天门冬种子前，先将湿沙中贮藏的种子筛出，置于较大容器内，添加 1% 洗衣粉水浸泡，以麻袋碎片辅以揉搓种子，去除黑色的外种皮部分，直至种子显白，捞出洗净，晾干种子表面水分，备播。

2.1.5　天门冬育苗床的选址

天门冬育苗床以处于低海拔、冬季温暖、秋季凉爽、腐殖质含量较高、土质较疏松、土层肥沃深厚、有较好遮阴条件的地方为佳，苗床温度最好保持在 20～25℃。

2.1.6　天门冬的苗床准备

翻耕床土，碎土，晒土 15～20d，然后按照腐熟农家肥 4.0～4.5kg/m^2、草木灰 3kg/m^2、有机复合肥 70～75g/m^2、50% 多菌灵 4.5～6.0g/m^2 的标准拌入床土，并加以深翻，保证土、肥、药的充分混合。最后平整做厢，厢宽 1.2～1.5m，厢沟深 20～30cm。

2.1.7　天门冬的播种方法

厢面上按照沟距（25cm）×沟深（5～6cm）×沟幅（10cm）的标准开横沟，将天门冬种子以 7.5～9.0g/m² 的标准均匀撒播于沟内，种子间距 4～5cm，播后用 2～3cm 厚草木灰或经腐熟的堆肥拌细土覆种，其上再覆松毛或稻草，以保温保湿。播后浇透水，后期每隔 3～5d 需对苗床浇水 1 次。

2.1.8　天门冬的播种床管理

在适温条件下，天门冬种子经 15～20d 即可出苗。出苗后及时揭去盖草，继续遮阴保湿。苗高 3cm 时开始拔草、施肥。肥料以腐熟的人畜粪为主，每次用肥量 1.50～2.25kg/m²，肥料不宜直接与苗接触，每隔 3 个月可追肥 1 次。同时，需要加强苗期病虫害的防治，对地老虎、蟋蟀以 90% 敌百虫拌炒香米糠或麦麸诱杀；对蚜虫、红蜘蛛以菊酯类农药兑水喷洒防治；对立枯病以敌克松兑水喷雾防治。秋播苗第 2 年春季即可移栽，春播苗当年秋季即可移栽。移栽后还要对苗继续遮阴。

2.1.9　天门冬的出苗标准

天门冬苗高达 30～50cm，分株 3 或 4 个，叶色浓绿，植株健壮无病，即可出苗。这时出苗的天门冬，移栽成活率高，后期适生能力强，抗旱能力较强，抗低温能力较强，利于第 2 年的生长发育。

2.2　天门冬的组培快繁体系研究

作为一种常规中药材，天门冬出口呈递增趋势，而野生天门冬资源逐年减少，货源紧缺，价格逐年攀升。我国天门冬的种植自 2001 年开始起步，然而由于天门冬种子在常规条件下很难萌发，发芽率极低，而且天门冬的常规种植周期较长，缺乏成熟的技术支撑，因此天门冬资源供应不足，资源不足成为制约其种植规模扩大的重要因素之一。本研究通过探讨天门冬的组织培养条件，为天门冬的快速繁殖提供理论依据，同时为天门冬的大规模种植提供技术支撑。

2.2.1　材料与方法

2.2.1.1　材料

材料采自怀化学院植物试验基地，采集种子、嫩枝、块根，分别将天门冬的种子、嫩叶、嫩芽、嫩茎、块根作为外植体进行试验。

2.2.1.2 方法

1. 消毒方法

采取常规消毒法，先用水将收集的嫩枝和块根冲洗过夜，用 0.1%升汞和 75% 乙醇分别浸泡包括种子在内的所有外植体 8min 和 5min，接着用无菌水漂洗 3 或 4 次，最后以无菌滤纸吸干所有外植体外表水分。将天门冬嫩枝上的嫩叶、嫩芽和嫩茎分离，分别作为接种外植体。

2. 培养条件

在 121℃、131kPa 的条件下将培养基灭菌 15min。培养室温度控制在（26±1）℃，光照强度调整为 4000lx，光周期设为 16h 光照/8h 黑暗，采用 RXZ 型人工气候箱作为培养环境。

3. 筛选基本培养基

采用嫩芽外植体进行基本培养基筛选。在附加物即 1.5mg/L 6-苄基腺嘌呤 （6-BA）和 0.5mg/L α-萘乙酸（NAA）完全一致的情况下，将外植体分别置于 MS、 1/2 MS、1/3 MS 和 1/4 MS 的培养基上培养 30d，重复 3 次，每次继代培养 5 代。

4. 愈伤组织的诱导培养

将块根和嫩茎外植体切成 1~1.5cm 长的小段，将嫩芽、嫩叶、种子外植体接种到附加质量浓度不同的 6-BA、NAA 的最佳基本培养基上，开展愈伤组织的诱导培养。培养到 50d 时，观察并统计分析培养结果。重复 3 次，每次继代培养 5 代。

5. 丛生芽的诱导培养

将继代培养 45d 且生长一致的愈伤组织颗粒分散成独立的颗粒，然后接种到筛选出来的最佳基本培养基上，分别附加质量浓度不同的 6-BA、NAA、吲哚乙酸（IAA）到培养基中，开展丛生芽诱导。每一种培养基接种 100 个愈伤组织颗粒，30d 后观察统计分化率及分化不定芽的生长情况。

6. 生根的诱导培养

将上述继代培养呈丛生状、生长旺盛及高度在 0.5cm 以上的丛生芽接种到经筛选出来的最佳基本培养基上，附加质量浓度不同的吲哚丁酸（IBA）和 IAA 到培养基中，开展生根培养。重复 3 次，每次都接种 200 个不定芽。30d 后观察统计生根率（生根率＝有生根现象数/原接种数×100%）和生根系数（生根系数＝生根条数/有生根现象数）。

7. 移栽驯化

在生根培养基中培养 10～25d，在出现一定数量的白根并形成幼苗后，将带根的幼苗培养瓶从中取出，开始炼苗。首先在培养瓶中加入少量双蒸水并用封口膜覆盖，以防组培苗失水，继续置于培养箱中光照 4d，然后移出培养箱，在培养瓶中加入少量自来水，放在室内自然光照条件下，保持 20～28℃培养 2～3d，然后去封口膜培养。待瓶内组培苗长出新鲜的嫩叶后，取出组培苗，洗净培养基，移植到表面分别铺有厚 6～7cm 的河沙、珍珠岩、山皮土、园土、炉灰渣（小颗粒状）5 种基质中（下为肥沃园土）。将组培苗的移植生长环境在前 15d 保持相对湿度为 95%左右、温度 20～28℃、无直射光的条件。

2.2.2　天门冬基本培养基的筛选

通过对 4 种培养基的筛选，结果表明，1/2 MS 培养基所诱导的愈伤率高于其他培养基，后期有短小的白根形成，说明 1/2 MS 培养基在加入合适的生长调节剂后适合诱导天门冬愈伤组织的形成及根的生成，是最适合的愈伤组织诱导和生根培养基。MS 培养基诱导的愈伤率较高，并且后期还出现较多的丛生芽，为最适合分化丛生芽的基本培养基。盐浓度的进一步降低会导致愈伤诱导率降低，基本培养基浓度为 1/3 MS 时，会导致外植体的死亡；基本培养基浓度为 1/4 MS 时外植体生长极其缓慢（表 2-1）。

表 2-1　不同培养基对天门冬愈伤组织诱导的影响（全妙华等，2012）

培养基	接种体个数	愈伤诱导率（%）	生长状况
MS	100	43	长势较好，后期出现较多丛生芽
1/2 MS	100	51	长势好，后期有短小白根形成
1/3 MS	100	22	前期较好，后期部分死亡
1/4 MS	100	15	长势缓慢

2.2.3　植物生长调节剂对天门冬不同外植体愈伤组织诱导的影响

比较不同质量浓度的植物生长调节剂对外植体愈伤组织诱导培养的影响，生长调节剂的配比如表 2-2 所示。结果表明，在 1/2 MS＋1.0mg/L 6-BA＋0.5mg/L NAA 的培养条件下，外植体的愈伤诱导培养率最高，愈伤颜色淡黄，个体较大，平均愈伤诱导成功率可达 79.2%，而且褐化率低，生长速度快，因此愈伤组织诱导培养的最适培养基为 1/2 MS＋1.0mg/L 6-BA＋0.5mg/L NAA，pH 5.8。比较不同外植体的愈伤诱导率发现，嫩芽的愈伤诱导率最高，其次是嫩叶，而嫩茎和种子及块根的诱导率则比较低，由此可以看出嫩芽为天门冬最适组织培养的外植体（表 2-2，图 2-1）。

表 2-2　不同质量浓度的植物生长调节剂对天门冬外植体愈伤组织诱导的影响（全妙华等，2012）

培养基	6-BA（mg/L）	NAA（mg/L）	愈伤诱导率（%）				
			嫩叶	嫩芽	块根	嫩茎	种子
1	0.5	0.5	55.0	63.0	17.0	29.0	40.0
2	1.0	0.5	89.5	92.8	79.2	55.3	52.0
3	1.5	0.5	49.0	53.0	28.0	25.6	38.0
4	0.5	1.0	26.7	33.0	19.0	23.0	26.0
5	1.0	1.0	54.6	76.3	53.2	43.0	40.0
6	1.5	1.0	32.0	68.0	48.0	36.0	39.0

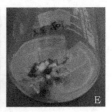

图 2-1　天门冬不同外植体的愈伤组织（彩图请扫封底二维码）
A. 嫩叶；B. 嫩芽；C. 嫩茎；D. 种子；E. 块根

2.2.4　植物生长调节剂对天门冬丛生芽诱导的影响

以 MS 为基本培养基，对继代培养的愈伤组织开展丛生芽诱导。结果表明，3 号和 9 号培养基在第 28 天枝条基部边缘有少量黄绿色愈伤组织产生，且有较短的不定芽长出，但生长速度缓慢；5 号、11 号培养基在第 25 天才开始出现较小的不定芽，产生丛生芽较迟，但基部愈伤组织颜色发黄，出现褐化现象，生长缓慢；2 号、8 号和 10 号培养基的丛生芽诱导较好；4 号培养基在第 25 天基部边缘会有大量长势好的不定芽出现，丛生芽分化率最高；1 号、6 号、7 号和 12 号培养基中的愈伤组织出现褐化现象，生长缓慢。通过比较不同培养基上的丛生芽诱导可以看出，丛生芽诱导的最适培养基为 MS＋1.5mg/L 6-BA＋0.5mg/L IAA，pH 5.8（表 2-3）。

表 2-3　不同质量浓度的植物生长调节剂对天门冬丛生芽诱导的影响（全妙华等，2012）

培养基	激素浓度（mg/L）			愈伤组织数（个）	分化率（%）	死亡率（%）	愈伤组织生长发育状况
	6-BA	NAA	IAA				
1	0.5	0	0.5	50	45	43	后期易褐化死亡
2	1.0	0	0.5	50	73	11	增长分化较快
3	1.0	0	1.0	50	62	16	增长分化缓慢
4	1.5	0	0.5	50	89	8	增长分化最快
5	1.5	0	1.0	50	55	20	增长分化缓慢
6	1.5	0	1.5	50	32	46	后期易褐化死亡
7	0.5	0.5	0	50	39	50	后期易褐化死亡
8	1.0	0.5	0	50	71	11	增长分化较快
9	1.0	1.0	0	50	59	18	增长分化缓慢
10	1.5	0.5	0	50	75	11	增长分化较快
11	1.5	1.0	0	50	56	32	增长分化缓慢
12	1.5	1.5	0	50	26	61	后期易褐化死亡

2.2.5　天门冬组培苗的生根诱导

以 1/2 MS 为基本培养基对组培苗进行生根诱导发现，1.0mg/L IAA 和 0.5mg/L IBA 时，组培苗部分生根，茎基没有形成愈伤组织；1.5mg/L IAA 和 1.0mg/L IBA 时，组培苗的生根系数与生根率相对较高，且茎基形成愈伤组织；0.5mg/L IAA 和 0.5mg/L IBA 时，组培苗的生根率和生根系数均达最高，根长，有愈伤组织形成。因此组培苗生根培养基的最适配方为 1/2 MS＋0.5mg/L IBA＋0.5mg/L IAA（表 2-4）。同时，通过对天门冬组培苗生根的其他影响条件的对比研究发现，蔗糖为 20g/L 或培养基中铁盐（Fe^{2+}）的质量浓度降低至 6.95mg/L 时为天门冬组培苗最宜的生根条件（表 2-5）。

表 2-4　生长素对天门冬生根的影响（全妙华等，2012）

培养基	IAA（mg/L）	IBA（mg/L）	生根系数	生根率（%）	生根情况
1	1.0	0.5	3.7	33.6	茎基无愈伤组织形成
2	0	0.5	4.0	45.7	茎基形成愈伤组织
3	0.5	0.5	6.3	88.1	根长且粗壮，茎基形成愈伤组织
4	1.5	1.0	4.9	66.5	根细长且茎基形成愈伤组织

表 2-5　不同质量浓度铁盐（Fe^{2+}）和蔗糖对天门冬生根的影响（全妙华等，2012）

Fe^{2+}（mg/L）	生根率（%）	蔗糖（g/L）	生根率（%）
13.90	78.2	0	12.5
9.27	83.4	10	52.3
6.95	93.0	20	88.4
5.56	47.8	30	46.2

2.2.6 天门冬组培苗的移栽驯化

组培苗移栽 10d 后可见其成活生长。移栽 25d 后的观察统计结果表明，以河沙和炉灰渣为移栽基质，天门冬组培苗的平均成活率分别为 68%和 74%，且在移栽成活后 15d 左右组培苗开始正常生长。相比传统的移栽驯化方法，该方法更为优越，长大的苗枝干更粗壮，有利于生产的推广和后续利用。

以天门冬当年所萌发的嫩枝上的嫩叶、嫩芽、嫩茎和种子作为外植体开展组织培养，都诱导出了愈伤组织，不过，不同外植体的愈伤诱导率有差别，其中嫩芽的愈伤诱导率最高，是天门冬最适合组织培养的外植体。

2.3 天门冬组培苗的生根技术研究

天门冬的种植规模一直以来不是很大。采取组织培养方法快速繁殖天门冬是解决天门冬资源紧缺局面的有效手段之一（梁钻姬等，2012；袁云香，2012），而不定根的形成是天门冬组织培养过程中非常重要的环节，直接影响组培苗移栽后成活率的高低。通过探讨天门冬组培苗生根的激素浓度、营养元素浓度等影响因素，优化天门冬的生根壮苗培养条件，为天门冬的高效繁殖及工厂化、规模化生产提供理论依据。

2.3.1 材料与方法

2.3.1.1 材料

天门冬组培苗取自怀化学院组培实验室，挑选由嫩芽诱导且生长比较健壮的组培苗用于生根培养。

2.3.1.2 方法

分别观察 IAA 和 IBA 浓度、基本培养基浓度及蔗糖浓度对天门冬组培苗生根的影响。①IAA 和 IBA 浓度。以 MS 为基本培养基，IAA 和 IBA 浓度梯度为 0mg/L、0.25mg/L、0.50mg/L、1.00mg/L（表 2-6）。②基本培养基浓度。分别以 MS、1/2 MS、1/2 MS-1（$FeSO_4 \cdot 7H_2O$ 浓度降至 6.95mg/L 并含 9.33mg/L $Na_2 \cdot EDTA$）和 1/3 MS 这 4 种培养基为基本培养基，添加①优化的激素浓度和 30g/L 蔗糖。③蔗糖浓度。采用①、②优化的培养基和激素浓度，分别添加 0g/L、10g/L、20g/L、30g/L、40g/L 蔗糖。

以上各组试验所用的培养基均附加 7g/L 琼脂，调整 pH 至 5.8，在 121℃条件下高压灭菌 15min，接着保持培养室温度（26±1）℃，光照强度 4000lx，光照时间 16h/d。每个处理含 30 株组培苗，每处理 3 次重复，在生根培养基上培养 4 周后统计生根率和生根数量。

表2-6 不同激素配比对天门冬组培苗离体生根的影响（危革和欧立军，2013）

培养基	激素浓度（mg/L）		处理数（株）	生根时间（d）	平均生根数（条）	生根率（%）
	IBA	IAA				
1	0.25	0	30	15	0.50±0.07	0
2	0.25	0.25	30	15	1.70±0.12	48
3	0.25	0.50	30	12	1.30±0.13	11
4	0.25	1.00	30	15	0.90±0.03	8
5	0.50	0	30	15	0.80±0.09	20
6	0.50	0.25	30	12	2.50±0.03	61
7	0.50	0.50	30	12	3.20±0.19	89
8	0.50	1.00	30	12	1.10±0.03	11
9	1.00	0	30	15	0.80±0.05	18
10	1.00	0.25	30	15	1.60±0.11	51
11	1.00	0.50	30	15	2.30±0.16	53
12	1.00	1.00	30	12	1.60±0.11	39
13	0	0	30	∞	0	0

2.3.2 激素配比对天门冬组培苗离体生根的影响

在不含生长素的培养基中，天门冬组培苗无法形成不定根，生长素 IAA 和 IBA 对天门冬不定根的形成具有明显的促进作用。从表 2-6 可以看出，培养基中只添加 IBA 一种生长素，生根效果比相同 IBA 浓度条件下同时添加 IAA 差。IBA 和 IAA 浓度过高或过低都不利于不定根的发生。综合考虑生根时间、平均生根数和生根率等因素，在生长素 IAA 和 IBA 的浓度都是 0.5mg/L 时天门冬组培苗的生根效果达到最佳状态，生根时间为 12d，每株组培苗的平均生根数为 3.20 条，生根率达 89%。

2.3.3 基本培养基对天门冬组培苗离体生根的影响

分别以 MS、1/2 MS、1/2 MS-1 和 1/3 MS 作基本培养基，在其中均添加 0.5mg/L IAA＋0.5mg/L IBA，组培苗的生根率见图 2-2。由图 2-2 可知，天门冬组培苗在 MS 基本培养基中生根率最低，仅为 45.1%，其次是在 1/3 MS 基本培养基中，其生根率为 63.6%，在 1/2 MS-1 基本培养基中生根率最高，达 93.0%，比在 1/2 MS 基本培养基中的生根率高 18.9%，这表明在一定范围内适当降低基本培养基中营养元素的浓度可以促进天门冬组培苗生根，但营养元素浓度过低也不利于组培苗根的发生。

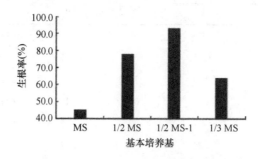

图 2-2　不同基本培养基对天门冬组培苗生根的影响

2.3.4　蔗糖浓度对天门冬组培苗离体生根的影响

蔗糖浓度对天门冬组培苗的离体生根表现出显著影响。从表 2-7 可以发现，当蔗糖浓度为 0～20g/L 时，天门冬组培苗的平均生根数和生根率均会随着蔗糖浓度的升高而明显增加。当蔗糖浓度为 20g/L 时天门冬组培苗的离体生根效果达到最佳，每株组培苗的平均生根数达 3.20 条，生根率高达 96%；但是，继续升高蔗糖浓度反而对组培苗的生根起抑制作用。

表 2-7　不同蔗糖浓度对天门冬组培苗离体生根的影响（危革和欧立军，2013）

蔗糖浓度（g/L）	平均生根数（条）	生根率（%）
0	0.40±0.03	12
10	2.20±0.08	52
20	3.20±0.15	96
30	1.70±0.11	46
40	0.90±0.06	23

综上，如不施加生长素或只施加单一的生长素，天门冬组培苗基本不生根或生根很少；一定浓度的无机盐溶液对天门冬组培苗的生根会产生一定的影响，浓度过高或过低都会抑制组培苗的生根，使用 1/2 MS 培养基并调节 $FeSO_4 \cdot 7H_2O$ 浓度至 6.95mg/L 会取得较好的生根效果，且生出的根较细长、向下生长、呈束状，与自然根非常接近，有利于水分及营养物质的吸收。天门冬组培苗的生根率通常会随着蔗糖浓度的增加而表现出先升高后下降的趋势。

参 考 文 献

靳晓翠, 王伟, 刘玉艳. 2007. 天门冬种子萌发特性. 浙江林学院学报, 24(4): 428-432.

梁钻姬, 潘超美, 赖珍珍, 等. 2012. 药用植物华泽兰组织培养和快速繁殖. 植物生理学报, 48(1): 85-89.

刘玉艳, 于凤鸣, 靳晓翠. 2007. 天门冬种子萌发特性研究. 种子, 26(9): 34-38.

毛子文, 谭林彩. 2009. 天冬育苗技术. 现代农村科技, (19): 10.

全妙华, 欧立军, 贺安娜, 等. 2012. 天门冬组培快繁体系研究. 中草药, 43(8): 1599-1603.

危革, 欧立军. 2013. 天门冬组培苗生根的影响因素研究. 湖北农业科学, 52(2): 194-196.

袁云香. 2012. 杜仲组织培养的研究. 湖北农业科学, 51(2): 228-231.

第3章 天门冬栽培技术

天门冬通常以块根入药，而且一般以野生资源为主。随着天门冬使用量的逐年增大，自然野生资源逐渐开始匮乏，因此需要大力发展天门冬的人工栽培，而人工栽培技术一般对药材的有效成分有重要影响（吴海等，2007；黄玮等，2008；黎万奎等，2008；周春红和董佳，2010）；同时，不同的土壤条件，如土壤的种类、营养元素和土壤酶活性等，以及不同的气候条件，如温度、降水量和日照等都对天门冬生长有一定的影响。本章通过对天门冬的不同栽培条件下土壤中的酶活性、金属元素含量，以及天门冬的微量元素、主要营养物质及其形态、主要农艺性状和模拟酸雨环境等进行研究，探讨不同的人工栽培环境条件对天门冬生长的影响，为人工栽培天门冬及科学管理提供理论参考。

3.1 不同栽培土壤对天门冬生长的影响

通过对天门冬的不同栽培土壤环境中的土壤酶（过氧化氢酶、脲酶、蔗糖酶和磷酸酶）活性和天门冬对土壤的金属元素利用率，以及天门冬块根的主要农艺性状、主要营养物质变化和微量元素含量的分析，探讨不同土壤条件对天门冬生长的影响，为人工栽培管理天门冬提供土壤选择和施肥方法选择的科学依据。

3.1.1 材料与方法

3.1.1.1 材料

天门冬种植于怀化学院西校区的植物园，选择黑色腐殖质土、黑色砂质土、暗棕色黏性土和棕黄色黏性土等4种不同代表性的土壤。2012年3月栽植时将天门冬地上部分全部去掉，将块根进行称量并做好记录，按照50cm×24cm的标准进行开穴种植。每种土壤设置3个小区，每个小区种植天门冬16株。栽培期间不施用任何肥料，只进行正常的水分管理。2013年3月对各项数据进行测定并记录。

3.1.1.2 方法

1. 土壤金属元素的测量

运用五点测量法，采用便携式矿石分析仪（Innov-X，美国）对土壤中的金属元素进行测量，并计算金属元素的利用率。

2. 土壤酶活性的测定

脲酶活性运用苯酚-次氯酸钠比色法进行测定，过氧化氢酶的活性运用高锰酸钾滴定法进行测定，蔗糖酶的活性运用 3,5-二硝基水杨酸比色法进行测定，磷酸酶的活性运用磷酸苯二钠比色法进行测定。酶活性的最后结果均以单位风干土重在培养时间段内生成物质的数量来表示。

3. 主要营养物质含量的测定

分别采取蒽酮比色法、茚三酮显色法和香草醛-冰醋酸-高氯酸紫色显色法来测定可溶性糖含量、氨基酸含量和总皂苷含量。

4. 微量元素的测定

采用试剂盒（南京建成生物工程研究所生产）来测定天门冬块根中的 Zn^{2+}、Fe^{3+} 和 K^+ 的含量。

5. 农艺性状的测定

人工直接现场测量天门冬株高，以相关标准常规测定块根和地上部分质量。

6. 数据分析

采用 Excel 2003 和 SPSS 13.0 分析软件进行测量数据的分析。数值以平均值±标准差来表示。

3.1.2 天门冬对不同栽培土壤的金属元素利用率比较

标准栽培管理 1 年后，天门冬对 K^+ 的利用率相对较高，其中对黑色腐殖质土和黑色砂质土中 K^+ 的利用率相对较高，分别达到 44.26% 和 40.99%；对棕黄色黏性土中 K^+ 的利用率相对较低，仅为 10.20%；对 Zn^{2+} 和 Fe^{3+} 的利用率较低，其中对黑色腐殖质土和黑色砂质土中 Zn^{2+} 的利用率高于其他 2 种土壤，对棕黄色黏性土中 Fe^{3+} 的利用率最低（图 3-1）。

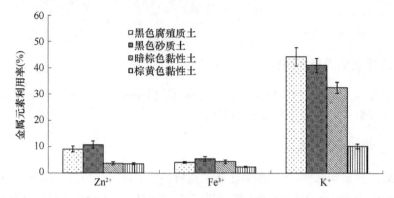

图 3-1　天门冬对不同栽培土壤的金属元素利用率比较（姚元枝和欧立军，2015）

3.1.3　天门冬不同栽培土壤中的土壤酶活性比较

标准栽培管理 1 年后，不同栽培土壤中的土壤酶活性也存在一定差异，黑色砂质土中的土壤酶活性相对较高，其中过氧化氢酶和磷酸酶的活性显著高于其他 3 种土壤，其中的蔗糖酶活性显著高于黑色腐殖质土和棕黄色黏性土，其中的脲酶活性显著高于暗棕色黏性土和棕黄色黏性土（表 3-1）。这说明黑色砂质土有利于天门冬的根系活动。

表 3-1　天门冬不同栽培土壤中的土壤酶活性比较（姚元枝和欧立军，2015）

土壤质地	蔗糖酶 （mg/g，24h）	过氧化氢酶 （mL/g）	脲酶 （mg/g，24h）	磷酸酶 （mg/g，24h）
黑色腐殖质土	13.61±1.03b	0.31±0.03b	6.01±0.61a	1.61±0.16b
黑色砂质土	19.61±1.25a	0.41±0.03a	7.61±0.66a	2.02±0.22a
暗棕色黏性土	18.16±1.99a	0.22±0.02c	1.95±0.18b	1.35±0.11c
棕黄色黏性土	6.47±0.25c	0.15±0.01d	0.45±0.03c	0.32±0.02d

注：同一指标不同小写字母表示不同土壤在 0.05 水平有显著差异

3.1.4　不同栽培土壤中天门冬主要营养物质含量比较

皂苷是天门冬重要的活性物质，其含量的高低直接影响天门冬质量的好坏。不同土壤环境所栽培的天门冬总皂苷含量存在较大的差异，黑色砂质土中的天门冬总皂苷含量显著高于其他 3 种土壤栽培的天门冬总皂苷含量。可溶性糖也是天门冬的主要营养物质，同样以黑色砂质土栽培的天门冬可溶性糖含量最高；但是，4 种土壤所栽培天门冬的氨基酸含量却无明显差异（表 3-2）。

表 3-2　不同土壤栽培后天门冬主要营养物质含量比较（姚元枝和欧立军，2015）

土壤质地	总皂苷（%）	氨基酸（%）	可溶性糖（%）
黑色腐殖质土	5.83±0.52b	1.295±0.11	10.74±1.21b
黑色砂质土	7.38±0.67a	1.271±0.13	13.69±1.47a
暗棕色黏性土	4.23±0.38c	1.265±0.12	7.55±0.81c
棕黄色黏性土	4.18±0.25c	1.315±0.12	7.90±0.65c

注：同一指标不同小写字母表示不同土壤在 0.05 水平有显著差异

3.1.5　不同栽培土壤中天门冬块根微量元素含量比较

不同栽培土壤天门冬块根部分的微量元素含量存在一定的差异，K^+ 含量较高，其中以黑色砂质土的天门冬块根含量最高，平均为 1.50mg/g FW；Zn^{2+} 和 Fe^{3+} 含量较低，但同样以黑色砂质土的天门冬块根含量最高，且 Zn^{2+} 含量显著高于其他土壤（表 3-3）。

表 3-3　不同土壤栽培后天门冬块根部分微量元素含量比较（姚元枝和欧立军，2015）

土壤质地	K^+（mg/g FW）	Zn^{2+}（μg/g FW）	Fe^{3+}（μg/g FW）
黑色腐殖质土	1.24±0.11b	4.05±0.41b	0.014±0.002
黑色砂质土	1.50±0.14a	4.86±0.38a	0.017±0.003
暗棕色黏性土	1.12±0.13b	4.01±0.35b	0.013±0.002
棕黄色黏性土	0.84±0.09c	2.79±0.27c	0.013±0.003

注：同一指标不同小写字母表示不同土壤在 0.05 水平有显著差异

3.1.6　不同栽培土壤中天门冬主要农艺性状比较

标准栽培管理 1 年后，除了棕黄色黏性土栽培的天门冬，其他 3 种土壤栽培的天门冬株高没有显著的差异；地上部分和块根质量的增加量却存在明显的差异，其中以黑色砂质土栽培的天门冬地上部分和块根质量增加量最大，平均分别增加 8.54g 和 5.41g，显著高于利用暗棕色黏性土和棕黄色黏性土栽培的天门冬（表 3-4）。

表 3-4　不同土壤栽培后天门冬株高和质量（鲜重）增加比较（姚元枝和欧立军，2015）

土壤质地	株高（cm）	地上部分质量增加量（g）	块根质量增加量（g）
黑色腐殖质土	57.48±6.78a	8.05±1.10a	5.33±1.04a
黑色砂质土	63.53±5.14a	8.54±1.25a	5.41±1.88a
暗棕色黏性土	54.16±5.69a	6.52±0.98b	2.79±0.94b
棕黄色黏性土	49.21±8.74b	3.21±0.45c	0.83±0.35c

注：同一指标不同小写字母表示不同土壤在 0.05 水平有显著差异

以上研究结果表明，在正常的栽培管理条件下，天门冬对 K⁺的利用较多，且其块根中 K⁺含量较高，这说明栽培天门冬对 K⁺的需求量相对较高，这可能与天门冬的药用部位为其块根，而 K⁺有利于其壮根茎相关，因此栽培天门冬时多施用含 K⁺的肥料有利于天门冬的生长。

黑色砂质土、黑色腐殖质土、暗棕色黏性土和棕黄色黏性土等 4 种土壤中黑色砂质土中的土壤酶活性水平较高，且生长于其中的天门冬产量（块根重量）和品质（主要营养物质和微量元素含量）都较佳，因此，相对来说，黑色砂质土是较适宜天门冬栽培生长的土壤。

3.2 不同供氮水平对天门冬生长和品质的影响

氮元素是植物生长需求量最大的矿质营养元素，对植物的生命活动及产量和品质有极其重要的影响。合理施用氮素肥料是实现植物高产、稳产的重要保障。本研究通过盆栽试验探讨不同供氮水平对天门冬叶绿素含量、有效成分和农艺性状等生理特性的影响，以期为天门冬氮肥科学施用提供理论依据（梁娟等，2016）。

3.2.1 材料与方法

3.2.1.1 材料

天门冬种植于怀化学院西校区植物园，2014 年 5 月初将长势基本一致的天门冬剪去植株地上部分后栽入上口径 21cm、下口径 14cm、高 19cm 规格一致的花盆中，基质为砂土，每盆 3kg。选取 35 盆移进温室内，并随机分成 7 组，每组 5 盆，分别以 7 个不同氮素水平的营养液进行浇灌。7 个供氮水平分别为 0mmol/L、2mmol/L、4mmol/L、8mmol/L、12mmol/L、16mmol/L 和 20mmol/L，其中氮由 NH_4NO_3 提供，营养液中磷、钾和微量元素采用霍格兰-阿农通用营养液配方，pH 为 6.0。每隔 3d 浇灌 1 次营养液，每次 200mL。试验持续 2 个月，于最后一次浇灌营养液 2d 后采样，然后进行各项相关生理指标的测定，每个指标设 3 个重复。

3.2.1.2 方法

需要测定的农艺性状主要包括茎长和块根鲜重，对比材料处理前后的茎长及块根鲜重，计算茎长增长量和块根鲜重增加量。随机选取长势均一、健壮的叶片，以 95%乙醇提取叶绿素，以美国贝克曼 DU-800 紫外可见分光光度计测定其含量；分别采用香草醛-冰醋酸-高氯酸紫外显色法、茚三酮显色法、蒽酮比色法测定天门冬块根中总皂苷含量、氨基酸含量、可溶性糖含量。

3.2.1.3　数据统计与分析

所测定的结果取平均值±标准差,利用 SPSS 13.0 及 Excel 2003 统计软件进行分析。

3.2.2　不同供氮水平下天门冬农艺性状比较

天门冬茎长增长量随氮素水平的升高而逐渐增加,两者表现出正相关关系(图 3-2)。当供氮水平为 20mmol/L 时茎长增长量达到最大值,增长达 17.30cm。块根鲜重增加量的变化趋势与茎长增长量基本相似(图 3-3),当供氮水平为 16mmol/L 时块根鲜重的增加量达到最大值(2.78g),不过随着供氮水平的继续增加,块根鲜重的增加量开始有所降低。0mmol/L、2mmol/L、4mmol/L 氮处理下的天门冬块根鲜重增加量表现为负值,因为这 3 个处理下的天门冬块根都表现出了不同程度的空心现象,尤以低氮处理表现较严重。

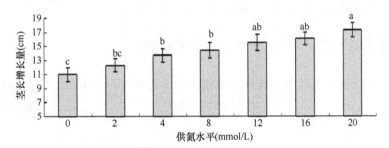

图 3-2　不同供氮水平下天门冬的茎长增长量比较(梁娟等,2016)
图柱上不同小写字母表示处理间差异达显著水平($P<0.05$)

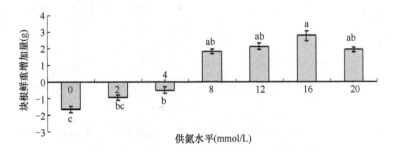

图 3-3　不同供氮水平下天门冬的块根鲜重增加量比较(梁娟等,2016)
图柱上不同小写字母表示处理间差异达显著水平($P<0.05$)

3.2.3　不同供氮水平下天门冬光合色素含量变化

叶绿素是植物进行光合作用的物质基础,而氮素是植物叶绿素的重要组成成分，因此供氮水平的高低通常直接影响叶绿素的含量。从表 3-5 可以看出，随着氮素水平的升高，叶绿素 a、叶绿素 b 及叶绿素的含量表现出先增加后降低的现象，当供氮水平处于 16mmol/L 时达到最大值，如继续升高氮素浓度，其叶绿素含量反而有所降低。

表 3-5　不同供氮水平下天门冬的光合色素含量变化（梁娟等，2016）

供氮水平（mmol/L）	叶绿素 a 含量（mg/g）	叶绿素 b 含量（mg/g）	总叶绿素含量（mg/g）
0	1.32±0.11c	0.53±0.02b	2.02±0.21c
2	1.66±0.13bc	0.56±0.01b	2.23±0.14bc
4	1.73±0.11b	0.69±0.06a	2.41±0.17b
8	1.80±0.13ab	0.70±0.02a	2.50±0.14ab
12	1.85±0.19ab	0.70±0.11a	2.55±0.30ab
16	1.95±0.09a	0.75±0.06a	2.70±0.13a
20	1.78±0.10ab	0.62±0.04ab	2.40±0.18b

注：同列不同小写字母表示处理间差异达显著水平（$P<0.05$）

3.2.4　不同供氮水平下天门冬有效成分含量变化

天门冬块根中的氨基酸含量随着供氮水平的升高而逐步增加（图 3-4），当供氮水平达 16mmol/L 时，氨基酸含量达到最高值（3.3%），之后随供氮水平的升高氨基酸含量则有所降低。

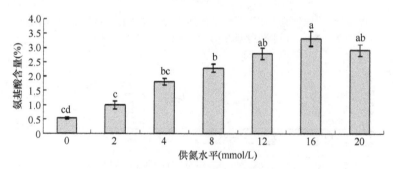

图 3-4　不同供氮水平下天门冬块根的氨基酸含量变化（梁娟等，2016）

图柱上不同小写字母表示处理间差异达显著水平（$P<0.05$）

天门冬块根中的可溶性糖含量随氮素水平的升高而逐步增加（图 3-5），当供氮水平达 12mmol/L 时可溶性糖含量达到最大值（13.1%），当继续提高氮素水平时可溶性糖含量却开始出现下降。

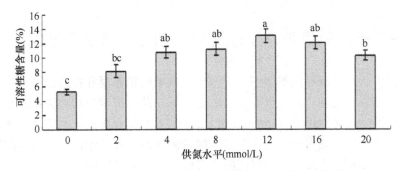

图 3-5　不同供氮水平下天门冬块根的可溶性糖含量变化（梁娟等，2016）

图柱上不同小写字母表示处理间差异达显著水平（$P<0.05$）

　　总皂苷含量的变化表现相对较为复杂（图 3-6），开始时随氮素水平的升高而增加，当氮素水平处于 4mmol/L 时总皂苷含量达到最大值（6.5%）。之后随供氮水平的升高而表现出不断降低的趋势，而当氮素水平升至 20mmol/L 时，总皂苷含量又有所增加。

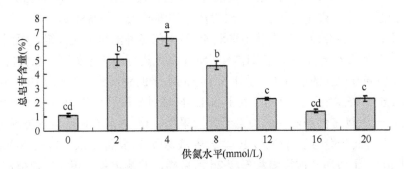

图 3-6　不同供氮水平下天门冬块根的总皂苷含量变化（梁娟等，2016）

图柱上不同小写字母表示处理间差异达显著水平（$P<0.05$）

　　研究结果表明，天门冬茎长增长量随供氮水平的升高而增加，而块根鲜重的增加量和植株叶绿素含量的增加量均表现出先增加后下降的趋势，当供氮水平为 16mmol/L 时达到最大值。当供氮水平过低时，地上部分生长不良，光合色素含量较低，降低了光合产物的合成量及向块根的运输量，从而影响块根的发育和物质积累，表现出植株弱小、块根较小。而当供氮水平过高时，地上部分的茎叶生长过于旺盛，大量同化产物被地上部分消耗掉，向地下部分转运的量就会减少，同样会影响块根的发育和物质积累，表现出植物徒长现象。同时，当供氮水平为 12～16mmol/L 时，植株生长旺盛，光合色素含量较高，光合产物较多，天门冬块根中的氨基酸含量、可溶性糖含量均达到最高值。因此，充足而适当的氮素供应是天门冬正常生长并获得高产高质的重要保障。

3.3　不同氮素形态及配比对天门冬生长和品质的影响

植物生长发育所利用的氮主要来源于土壤中的硝态氮和铵态氮，植物对这两种氮素的吸收、运输、同化等存在较大的差异，从而影响植物的生长发育、生物量累积和次生代谢作用等（Chen et al.，2000）。科学合理施用氮肥是实现天门冬高质高产稳产的重要保证，本研究通过探索氮素形态及其配比对天门冬的影响，以期为天门冬高产优质栽培中氮肥的合理施用提供科学依据。

3.3.1　材料与方法

3.3.1.1　材料

2015 年 5 月初将种植于怀化学院西校区植物园内已生长两年、长势基本一致的天门冬植株地上部分剪去，留下块根，栽入上口径 21cm、下口径 14cm、高 19cm 规格一致且品种一致的花盆中，基质为洗净的细砂土，每盆 3kg。

5 月中旬，按照统一标准从中选取 40 盆天门冬并随机分成 5 组，每组 8 盆，每盆一株，采用不同铵硝比（NH_4^+-N：NO_3^--N）进行单因素处理，在保持总氮水平一致（14mmol/L）的前提下，设计 5 个不同水平的铵硝比，分别为 100：0、75：25、50：50、25：75、0：100，其中 NH_4^+-N 通过硫酸铵供给，NO_3^--N 通过硝酸钠供给。无土栽培营养液中的微量元素则采用霍格兰-阿农通用营养液配方，pH 为 6.0，所用试剂均为分析纯（AR）。营养液每隔 3d 浇灌 1 次，每次 200mL。持续处理 60d，于最后一次浇灌营养液 2d 后采样，并测定各项相关生理指标。

3.3.1.2　方法

1. 农艺性状的测定

通过对比试验前后天门冬的茎长和块根鲜重变化，测定茎长增长量和块根鲜重增加量这两个主要的农艺性状。

2. 叶绿素含量的测定

以 95%乙醇浸提，用分光光度法来测定叶片叶绿素含量。

3. 块根有效成分含量的测定

分别运用茚三酮比色法、蒽酮显色法、香草醛-冰醋酸-高氯酸紫外显色法来测定天门冬块根内氨基酸、可溶性糖及总皂苷等主要有效成分的含量。

4. 数据统计与分析

测定结果取平均值±标准差,利用 SPSS 13.0 及 Excel 2003 统计软件进行分析。

3.3.2　不同氮素形态及配比对天门冬农艺性状的影响

随着营养液中 NO_3^--N 比例的不断升高,天门冬的块根鲜重增加量呈现出递增趋势,在铵硝比为 25:75 时达到最大,如继续升高 NO_3^--N 的比例,块根鲜重的增加量却有所下降(图 3-7)。天门冬的茎长伸长量变化趋势与块根鲜重的增加量变化基本一致(图 3-8),即铵硝比为 25:75 时,茎长伸长量达到最大。当铵硝比为 100:0 时即在全铵处理下,天门冬的块根鲜重增加量与茎长增长量均最低,这说明全铵处理非常不利于天门冬的生长,适当提高硝态氮的比例可显著提高天门冬的生物量。

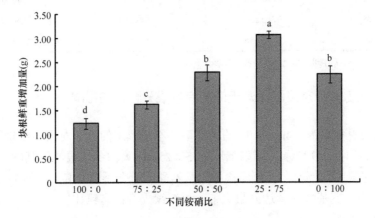

图 3-7　不同铵硝比对天门冬块根鲜重增加量的影响(梁娟等,2018)
图柱上不同小写字母表示处理间差异达显著水平($P<0.05$)

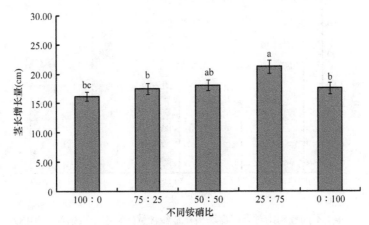

图 3-8　不同铵硝比对天门冬茎长增长量的影响(梁娟等,2018)
图柱上不同小写字母表示处理间差异达显著水平($P<0.05$)

3.3.3 不同氮素形态及配比对天门冬光合色素含量的影响

不同的铵硝比对天门冬叶片叶绿素的含量影响显著（表 3-6）。在总氮量保持在 14mmol/L 的条件下，随着 NO_3^--N 比例的不断升高，叶绿素 a 及总叶绿素含量表现出先升后降的趋势，当铵硝比降至 25：75 时达到最大，当铵硝比为 50：50 次之，全铵处理下叶绿素 a、叶绿素 b 及总叶绿素含量均降至最低。

表 3-6　不同铵硝比对天门冬光合色素含量的影响（梁娟等，2018）

铵硝比	叶绿素 a 含量（mg/g）	叶绿素 b 含量（mg/g）	总叶绿素含量（mg/g）
100：0	1.59±0.07c	0.47±0.10c	2.06±0.17c
75：25	1.72±0.10bc	0.61±0.08ab	2.33±0.18bc
50：50	1.81±0.02b	0.59±0.05	2.40±0.07b
25：75	1.97±0.13a	0.69±0.07a	2.66±0.20a
0：100	1.78±0.05b	0.59±0.02b	2.37±0.07b

注：同列不同小写字母表示处理间差异达显著水平（$P<0.05$）

3.3.4 不同氮素形态及配比对天门冬有效成分含量的影响

在保持总氮量为 14mmol/L 的条件下，不同形态的氮素对天门冬块根氨基酸含量的影响如图 3-9 所示。在铵硝比为 75：25 时，天门冬块根的氨基酸含量最低。当提升硝态氮的比例时，天门冬块根的氨基酸含量会不断升高，当铵硝比为 25：75 时，天门冬氨基酸含量达到最大值。再继续提升硝态氮比例，天门冬块根的氨基酸含量却下降。

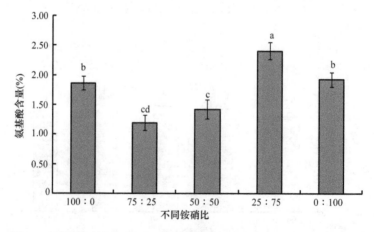

图 3-9　不同铵硝比对天门冬块根氨基酸含量的影响（梁娟等，2018）

图柱上不同小写字母表示处理间差异达显著水平（$P<0.05$）

在保持总氮量为 14mmol/L 的条件下，不同形态的氮素供给下天门冬块根的可溶性糖含量如图 3-10 所示。块根中的可溶性糖含量随着硝态氮比例的升高而升高，当铵硝比为 25∶75 时可溶性糖含量达到最大值，如继续提高硝态氮比例，可溶性糖含量反而会下降。

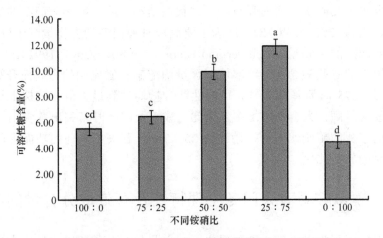

图 3-10　不同铵硝比对天门冬块根可溶性糖含量的影响（梁娟等，2018）

图柱上不同小写字母表示处理间差异达显著水平（$P<0.05$）

在保持总氮量为 14 mmol/L 的条件下，不同形态的氮素供给对天门冬块根中的总皂苷含量的影响如图 3-11 所示。从图 3-11 可以发现，在全铵处理时，天门冬块根中的总皂苷含量最高；随着硝态氮的比例升高，天门冬块根中的总皂苷含量总体呈降低趋势，在全硝态氮时最小。

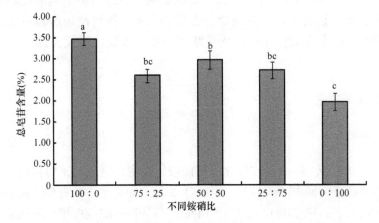

图 3-11　不同铵硝比对天门冬块根总皂苷含量的影响（梁娟等，2016）

图柱上不同小写字母表示处理间差异达显著水平（$P<0.05$）

研究表明，在保持总氮量为 14mmol/L 的条件下，随着硝态氮比例的升高，天门冬块根的鲜重增加量、茎长增长量、叶绿素含量不断增加，当铵硝比为 25：75 时增加值达到最大，当全硝处理时又有所下降，而全铵处理下，鲜重增加量、茎长增长量、叶绿素含量均最低。这说明氮素形态会明显影响天门冬的光合作用、呼吸作用及矿质元素的吸收等生理代谢活动，从而影响天门冬的生长（曹翠玲和李生秀，2004）；以 NO_3^--N 为主要氮源时天门冬的生物量高于以 NH_4^+-N 为主要氮源时的生物量（Heberer and Below，1989；Wang，1992）。同时，天门冬块根中的氨基酸含量、可溶性糖含量均随硝态氮比例的升高而升高，当铵硝比达 25：75 时氨基酸含量、可溶性糖含量均达到最大值，植株生长旺盛，光合色素含量高，光合产物增多。因此，栽培天门冬时若突出其食用功能宜适当提升硝态氮的施肥比例（铵硝比为 25：75），若突出其药用功能则可适当提升铵态氮的施肥比例。

3.4　模拟酸雨对天门冬生理特性及有效成分含量的影响

我国酸雨区为世界三大酸雨区之一，主要分布在长江以南的广大地区（赵艳霞和侯青，2008）。近年来，大气中硫氧化物、氮氧化物含量显著上升，导致受酸雨影响的地区范围逐年扩大，危害日益严重。而我国天门冬主要分布在江苏、浙江、江西、湖南、湖北、四川、贵州、云南、广西、广东、福建等省（自治区）的 700 多个县（市、区）（中国科学院中国植物志编辑委员会，1978），其中长江以南为其主产区，即我国的酸雨区基本上是天门冬的主要分布区域，显然酸雨对天门冬的栽培肯定会有一定的影响。通过模拟不同浓度的酸雨对天门冬农艺性状、抗性生理及有效成分含量的影响，探讨酸雨胁迫对天门冬生长发育的影响，以期为天门冬高产优质栽培与推广及野生种质资源的保护提供理论依据。

3.4.1　材料与方法

3.4.1.1　材料

试验于 2015 年 3～5 月在怀化学院西校区温室内进行，试验材料为种植于怀化学院西校区植物园内的天门冬。2015 年 3 月上旬选用生长良好、长势基本一致的天门冬栽入上口径 21cm、下口径 14cm、高 19cm 的统一规格的花盆中，基质为壤土（pH 为 6.85），共 25 盆，随机分为 5 组，每组 5 盆，每盆一株。在缓苗期间，定期进行自来水浇灌、施肥及拔草等工作，并于 2015 年 4 月中旬进行模拟酸雨处理。

模拟酸雨溶液用 H_2SO_4 和 HNO_3 配制，按体积比（H_2SO_4）：（HNO_3）= 8：1 配制母液（赵则海，2014），用蒸馏水稀释成 pH 分别为 2.0、3.0、4.0、5.6 的酸雨，对照为蒸馏水（pH 为 6.8）。模拟酸雨的喷洒采用喷雾法，喷水量根据怀化市历年各月平均降水量而定（欧立军和贺安娜，2013），喷洒频率为每隔 3d 喷 1 次，每次约 20mL。处理时间为 30d，于最后一次喷洒 3d 后采样，并进行各项相关生理指标的测定。

3.4.1.2　方法

1. 农艺性状的观测

农艺性状的观测包括植株形态学的观察、茎长增长量及块根鲜重增加量的测定。

2. 叶片叶绿素含量的测定

以 95%乙醇提取叶片叶绿素后参照 Arnon（1949）的方法采用美国贝克曼 DU-800 分光光度计测定叶片叶绿素含量。

3. 叶片生理生化特性的测定

丙二醛（MDA）含量，采用硫代巴比妥酸法（TBA）测定；过氧化物酶（POD）活性，采用愈创木酚比色法测定；超氧化物歧化酶（SOD）的活性，采用氮蓝四唑法测定。

4. 块根有效成分含量的测定

分别采用茚三酮显色法、蒽酮比色法、香草醛-冰醋酸-高氯酸紫外显色法测定块根体内主要有效成分氨基酸、可溶性糖及总皂苷的含量。

5. 数据统计与分析

所测定结果取平均值±标准差，利用 SPSS 13.0 软件进行分析。

3.4.2　模拟酸雨对天门冬农艺性状的影响

不同浓度酸雨处理下天门冬形态特征差异见表 3-7。pH 5.6 处理与对照差异不大，其叶片颜色鲜绿、形状正常、脱落很少。pH 4.0 处理下叶片仍为绿色，但出现了部分卷曲及脱落，说明酸雨开始对其产生影响，但植株仍能正常生长。而随着 pH 的进一步降低，植株受害程度加剧，叶片颜色由绿色变为黄色、黄白色，叶片出现大量卷曲、枯萎现象，且脱落较多。天门冬平均生根数在不同浓度酸雨处理下差异显著，其中 pH 4.0 处理下植株平均生根数最多，随 pH 继续降低，平均生根数减少。

表 3-7　不同浓度酸雨处理对天门冬形态特征的影响（Liang et al.，2018）

处理	叶片颜色	叶片形状	叶片脱落	茎长（cm）	根重增量（g FW）	平均生根数（条）
CK	鲜绿	正常	很少	6.77±0.52a	2.10±0.19a	4.00±0.31b
pH 5.6	鲜绿	正常	很少	5.36±0.42b	0.98±0.12b	4.40±0.41b
pH 4.0	绿色	部分卷曲	较少	4.29±0.33c	0.05±0.03c	5.80±0.48a
pH 3.0	泛黄	卷曲、萎蔫	少数	3.33±0.40d	−0.19±0.06c	3.20±0.37c
pH 2.0	黄白	卷曲、枯萎	较多	3.20±0.11d	−1.35±0.11d	1.60±0.22d

注：同列不同小写字母表示处理间差异达显著水平（$P<0.05$）

　　天门冬茎长增长量随酸雨 pH 降低而降低，两者呈正相关（图 3-12），对照组茎长增长量最大，达到 6.77cm。块根鲜重增加量变化趋势与茎长增加量相似（图 3-13），对照组鲜重增加量最大，达到 2.10g，而 pH 2.0、pH 3.0 处理下块根均出现了不同程度的空心现象，其鲜重增加量均表现为负值。

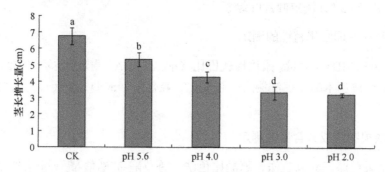

图 3-12　不同酸雨处理对天门冬茎长增长量的影响（Liang et al.，2018）

图柱上不同小写字母表示处理间差异达显著水平（$P<0.05$）

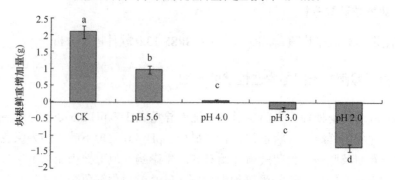

图 3-13　不同酸雨处理对天门冬块根鲜重增加量的影响（Liang et al.，2018）

图柱上不同小写字母表示处理间差异达显著水平（$P<0.05$）

3.4.3　模拟酸雨对天门冬叶片生理生化特性的影响

叶绿素作为光合作用中的重要色素，可将捕获的光能转化为化学能，但其含量的多少受各种胁迫条件的影响。由表 3-8 可知，天门冬叶绿素 a、叶绿素 b 和总叶绿素含量均随酸雨 pH 降低而降低。对照组天门冬总叶绿素含量最高，达 3.86mg/g，而 pH 3.0、pH 2.0 处理下的植株叶绿素含量出现明显下降，与形态学观察结果一致。

表 3-8　不同酸雨处理对天门冬叶片叶绿素含量的影响（Liang et al.，2018）

处理	叶绿素 a（mg/g）	叶绿素 b（mg/g）	总叶绿素（mg/g）
CK	2.78±0.18a	1.07±0.07a	3.86±0.26a
pH 5.6	2.63±0.38a	1.04±0.16a	3.67±0.54a
pH 4.0	2.52±0.41a	0.93±0.28ab	3.46±0.68a
pH 3.0	2.13±0.11b	0.76±0.07b	2.89±0.18b
pH 2.0	0.78±0.13c	0.33±0.05c	1.11±0.18c

注：同列不同小写字母表示处理间差异达显著水平（$P<0.05$）

植物器官在衰老或是逆境环境下往往会发生膜质过氧化作用，丙二醛便是其产物之一，其含量高低可表示细胞膜损伤程度。从图 3-14 可以看出，随酸雨 pH 的不断降低，天门冬叶片 MDA 含量呈逐渐上升的趋势，且差异逐渐增大。其中 pH 2.0 处理下 MDA 含量最高，为对照组的 2.78 倍，说明细胞膜损伤严重，这与酸雨对天门冬造成的表观伤害相吻合。

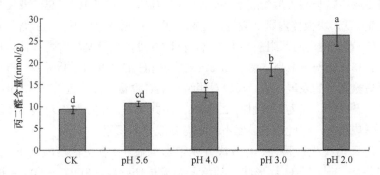

图 3-14　不同酸雨处理对天门冬叶片丙二醛（MDA）含量的影响（Liang et al.，2018）
图柱上不同小写字母表示处理间差异达显著水平（$P<0.05$）

SOD、POD 是生物体内重要的活性氧清除酶，在清除超氧化物阴离子自由基、减轻脂质过氧化作用和膜伤害方面起着重要的作用。如图 3-15 所示，pH 5.6 和 pH 4.0 处理下天门冬 SOD 活性比对照组均有增加，而 pH 3.0 和 pH 2.0 处理下与对照组相比有所减少。POD 活性的变化趋势与 SOD 表现一致，即随着 pH 的降低呈现先升高后降低的趋势。这说明在低强度酸雨条件下天门冬保护酶活性增加、抗性增强，在一定程度上能适应酸雨胁迫，但强酸胁迫下酶活性降低显著，对植物造成了不可逆的伤害。

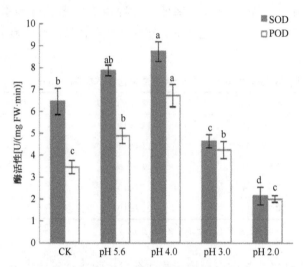

图 3-15　不同浓度酸雨处理对天门冬叶片 SOD 和 POD 活性的影响（Liang et al.，2018）

图柱上不同小写字母表示处理间差异达显著水平（$P<0.05$）

3.4.4　模拟酸雨对天门冬有效成分含量的影响

天门冬块根氨基酸含量受酸雨 pH 影响较为显著（图 3-16）。总的变化趋势为随酸雨 pH 的降低，块根体内氨基酸含量逐渐降低。对照组处理下氨基酸含量最高，达2.45%，pH 5.6 处理与对照组差异不显著，pH 2.0 处理下氨基酸含量最低。可溶性糖含量则在 pH5.6 处理下最高，达 7.28%，之后随 pH 的降低而不断降低。总皂苷含量变化趋势与氨基酸的表现一致，其中对照组总皂苷含量最高，达 3.21%，pH 2.0 处理下总皂苷含量最低，仅为对照组的 23.36%。由此可见，酸雨胁迫对天门冬块根有效成分含量影响较大，过度胁迫显然不利于有效成分的积累。

酸雨对天门冬生理特性、有效成分积累影响显著。在低浓度酸雨下（pH 5.6），与对照组相比，天门冬叶片形状、颜色无明显损伤症状，SOD、POD 保护酶活性增强，表现出一定的抗性，且块根内氨基酸、可溶性糖含量无显著性变化。在酸雨轻微地区，可进行天门冬的人工栽培。但随着酸雨胁迫的加剧，天门冬叶片出现发黄、脱落现象，光合色素含量降低，MDA 含量显著升高，SOD、POD 活性降低，植株生长缓慢，药用部位有效成分合成受到抑制。因此，人工栽培天门冬时应避免中、强度酸雨污染。

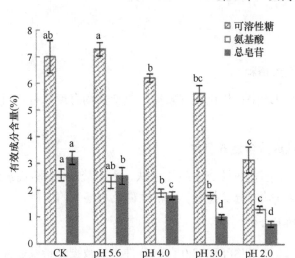

图 3-16　不同酸雨处理对天门冬块根主要有效成分含量的影响（Liang et al.，2018）

图柱上不同小写字母表示处理间差异达显著水平（$P<0.05$）

3.5　怀化市天门冬主要营养物质含量月变化规律及分析

薛小红等（1992）的研究发现，在不同生长期天门冬需追施不同的肥料，苗期适合施用氮肥及复合肥，块根形成期适合施用复合肥及磷钾肥。丁季春等（2008）在探索天门冬栽培管理过程中的施肥种类和施肥水平时发现，栽培天门冬时施用经过腐熟的配比为 10∶1 的牛粪和草木灰混合肥较好，每株 2～3kg 的施肥量就会有较高的产量。栽培 2 年的天门冬收获不太理想，其分生块根数量少，一般栽培收获年限以 4 年为宜（张莘蓉等，1991）。通过探索天门冬块根主要营养物质的月变化规律，并结合栽培地气象资料，探讨天门冬适宜的采摘时间和合适的栽培气候条件，为天门冬采收和人工栽培条件的选择提供理论依据。

3.5.1　材料与方法

3.5.1.1　材料

天门冬种植于怀化学院西校区植物园。天门冬分 3 个区域种植，每个区域种植 50 株，株距 50cm×45cm，光照和土壤肥力等环境条件都保持一致，统一水肥管理。2012 年每月 3～5 日，挖掘块根并清洗干净，每个区域随机挖掘 3 株。采收后立即投入冰盒，称重后置于–20℃冰箱保存供后续试验。

3.5.1.2 方法

1. 怀化市气象资料

所有气象资料均来自怀化市气象局，包括月均温度、月均日照、月均降水量和月均湿度等。

2. 块根有效成分含量的测定

分别采用茚三酮显色法、蒽酮比色法、香草醛-冰醋酸-高氯酸紫外显色法测定块根体内主要有效成分氨基酸、可溶性糖及总皂苷的含量。

3. 统计分析方法

采用 Excel 2003 和 SPSS 13.0 分析软件进行数据分析及差异显著性检验。数值以平均值±标准差表示。

3.5.2 怀化市气候因子月变化规律

怀化市 2012 年 1 月、2 月、3 月和 12 月的月平均温度都在 10℃ 以下，6 月、7 月和 8 月的温度都处于 25℃ 以上，温度较高，年均温度为 16.26℃；日最高温度出现在 7 月，达到 33.30℃；日最低温度出现在 1 月，仅有 2.07℃；日照时数较多的月份是 7 月和 8 月，7 月的总日照时数高达 228.0h，8 月的总日照时数为 199.7h，11 月至次年 2 月的日照时数相对较少，1 月和 2 月的总日照时数分别只有 16.9h 和 16.2h。降水量较多的是 5～7 月，其中 7 月的总降水量高达 314.9mm，降水量最少的是 2 月，仅为 65.5mm；月平均大气相对湿度一般为 70%～82%，如表 3-9 所示。

表 3-9 怀化市气象资料

月份	月平均温度（℃）	日最高温度（℃）	日最低温度（℃）	月总日照时数（h）	月总降水量（mm）	月平均大气相对湿度（%）
1	3.60	5.63	2.07	16.9	78.0	81.00
2	4.40	6.53	2.93	16.2	65.5	81.00
3	9.67	12.77	7.40	52.0	164.1	81.00
4	18.27	23.40	14.83	108.3	99.6	73.33
5	21.60	25.73	18.87	90.0	263.2	80.00
6	25.17	29.47	22.03	114.6	216.6	79.00
7	28.73	33.30	25.60	228.0	314.9	69.33
8	27.67	33.03	23.90	199.7	85.7	69.67
9	22.67	27.60	19.27	143.1	177.8	73.67
10	17.37	21.10	15.10	63.7	98.5	80.00
11	10.80	13.80	8.87	37.0	137.7	82.00
12	5.130	7.87	3.27	49.8	75.9	83.00

3.5.3 天门冬不同月份总皂苷含量的变化

天门冬块根中的总皂苷含量随着月份的推移而逐渐降低，7 月以后逐步回升。1 月和 12 月总皂苷含量较高，分别为 8.03% 和 8.53%。7 月块根中的总皂苷含量达到最低，仅为 3.87%（图 3-17）。

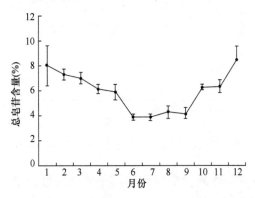

图 3-17 天门冬总皂苷含量月变化（欧立军和贺安娜，2013）

3.5.4 天门冬不同月份氨基酸含量的变化

从天门冬块根中的氨基酸含量的月动态变化曲线可以看出，1～5 月，天门冬块根中的氨基酸含量处于比较平稳的状态，含量为 1.25%～1.33%；6 月块根中的氨基酸含量上升，达到最高（2.04%）；7～12 月，块根中的氨基酸含量相对平稳，为 1.24%～1.35%（图 3-18）。

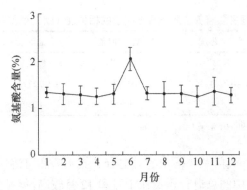

图 3-18 天门冬氨基酸含量月变化（欧立军和贺安娜，2013）

3.5.5 天门冬不同月份可溶性糖含量的变化

从天门冬块根中的可溶性糖含量的月动态变化曲线可以看出，块根中的可溶性糖含量在 1 月和 2 月较高，其含量分别为 12.6% 和 12.7%。10 月可溶性糖含量最低，只有 7.71%。其他月份含量为 8.25%～11.45%（图 3-19）。

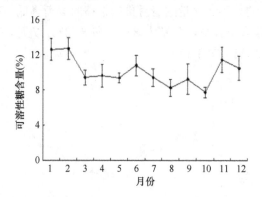

图 3-19　天门冬可溶性糖含量月变化（欧立军和贺安娜，2013）

3.5.6　天门冬主要营养物质含量与气候因子的相关性分析

天门冬块根中的总皂苷和可溶性糖含量与栽培地气候因子有一定的相关性，氨基酸含量却与气候因子相关性不大（表 3-10）。块根中的总皂苷含量与月平均温度和月总日照时数呈极显著负相关（相关系数分别为 -0.9423 和 -0.8489），与月总降水量的相关系数为 -0.6229，呈显著负相关，与月大气相对湿度呈极显著正相关（相关系数为 0.7533）；可溶性糖含量与月平均温度和月总日照时数呈显著负相关（相关系数分别 -0.6652 和 -0.5966），与月总降水量和月大气相对湿度的相关性不明显。

表 3-10　天门冬主要营养物质与气候因子的相关性（欧立军和贺安娜，2013）

营养物质含量	月平均温度	月总日照时数	月总降水量	月大气相对湿度
总皂苷含量	0.9423**	0.8489**	0.6229*	0.7533**
氨基酸含量	0.2764	0.0798	0.2793	0.0959
可溶性糖含量	0.6652*	0.5966*	0.2593	0.5027

*和**分别代表在 0.05 和 0.01 水平上的相关性显著

以上结果表明，天门冬块根中的总皂苷、氨基酸和可溶性糖含量的月动态变化规律不一样，块根中的总皂苷含量在 1 月和 12 月较高，氨基酸含量在 6 月最高，而可溶性糖的含量在 1 月和 2 月较高。因此，采收天门冬的时间主要取决于种植天门冬的营养目的，以总皂苷、氨基酸和可溶性糖为不同营养目的时，采收天门冬的最佳时间分别是 1 月或 12 月、6 月、1 月或 2 月。

研究结果同时也表明，天门冬块根中的总皂苷含量与月平均温度和月总日照时数呈极显著负相关，块根中可溶性糖含量与月平均温度和月总日照时数呈显著负相关，这说明温度和日照是影响天门冬块根中的总皂苷和可溶性糖积累的主要气候因子，这与天门冬属于阴性植物基本一致。因此，适当的降温和相对较少的日照有利于天门冬营养物质的积累，人工栽培天门冬时可选择在较高的海拔和高大乔木下、灌木下或树林下种植。

参 考 文 献

曹翠玲, 李生秀. 2004. 氮素形态对作物生理特性及生长的影响. 华中农业大学学报, 23(5): 581-586.

丁季春, 张明, 钟国跃, 等. 2008. 天冬种植的底肥种类及施用水平的研究. 中南药学, 6(5): 529-531.

黄玮, 陆兔林, 王巧晗, 等. 2008. 野生与人工栽培岩黄连药材的比较. 中草药, 39(5): 770-772.

黎万奎, 胡之璧, 周吉燕, 等. 2008. 人工栽培铁皮石斛与其他来源铁皮石斛中氨基酸与多糖及微量元素的比较分析. 上海中医药大学学报, 22(4): 80-83.

梁娟, 胡海丽, 杨伟. 2016. 不同供氮水平对天门冬生长和品质的影响. 中国土壤与肥料, (1): 53-56.

梁娟, 叶漪, 杨伟. 2018. 不同氮素形态及配比对天门冬生长和品质的影响. 中国土壤与肥料, (1): 28-30.

欧立军, 贺安娜. 2013. 天门冬主要营养物质的月变化规律研究. 怀化学院学报, 32(11): 1-5.

吴海. 2007. 野生与人工栽培麻黄不同部位成分的比较研究. 中草药, 38(9): 1298-1301.

薛小红, 沈立荣, 金永昌. 1992. 追肥对天冬产量的影响. 中国中药杂志, 17(8): 464-465.

姚元枝, 欧立军. 2015. 不同土壤对天门冬生长的影响. 中药材, 38(2): 234-236.

张萃蓉, 曾维群, 韩建华. 1991. 天冬高产栽培技术总结. 中药材, 14(2): 7-8.

赵艳霞, 侯青. 2008. 1993—2006 年中国区域酸雨变化特征及成因分析. 气象学报, 66(6): 1032-1042.

赵则海. 2014. 模拟酸雨对五爪金龙幼苗光合生理特性的影响. 生态环境学报, 23(9): 1498-1502.

中国科学院中国植物志编辑委员会. 1978. 中国植物志. 第十五卷. 北京: 科学出版社: 107-108.

周春红, 董佳. 2010. 人工栽培灵芝与野生灵芝活性成分的比较分析. 中国食物与营养, 11(12): 65-68.

Arnon D I. 1949. Copper enzymes in isolated chloroplasts polyphenoloxidase in *Beta vulgaris*. Plant Physiology, 24: 1-15.

Chen L, Liu Q Q, Gai J Y, et al. 2000. Effects of nitrogen forms on the growth and polyamine contents in developing seeds of vegetable soybean. Journal of Plant Nutrition, 34(4): 504-521.

Heberer J A, Below F E. 1989. Mixed nitrogen nut ration and productivity of wheat grown in hydroponics. Annals of Botany, 3: 643-649.

Liang J, Ye Y, Peng Y, et al. 2018. Effects of simulated acid rain on physiological characteristics and active ingredient content of *Asparagus cochinchinensis* (Lour.) Merr. Pakistan Journal of Botany, 50(6): 2395-2399.

Wang X. 1992. Root growth, nitrogen uptake, and tillering of wheat induced by mixed-nitrogen source. Crop Science, 32: 997-1002.

第4章 天门冬遗传多样性比较分析

4.1 天门冬 ISSR 分子标记技术的建立与体系优化及遗传多样性分析

简单序列重复区间扩增（inter simple sequence repeat, ISSR）是在微卫星（SSR）技术上发展起来的一种具有多态性高和产物特异性强等特点的分子标记技术（Ziet et al., 1994），常用于资源鉴定、进化与亲缘关系分析、遗传多样性和居群遗传结构检测、遗传作图、基因定位、分子标记辅助育种等方面的研究（王翀等，2008；邵清松等，2009；温文婷等，2010）。天门冬地上部分叶形简单，地下药用部位块根形态相似，利用株叶和块根形态很难区分不同产地的天门冬药材，因此通过分子标记手段是鉴定不同产地天门冬药材的重要方法。本研究采用单因素和正交试验设计相结合，在建立天门冬 ISSR-PCR 最佳反应体系的基础上对 19 个野生天门冬居群的 67 个个体进行分析，揭示不同产地天门冬的遗传关系和种内变异，并建立不同居群天门冬的分子标记方法，为不同居群天门冬的鉴别提供理论基础。

4.1.1 材料与方法

4.1.1.1 材料

19 个来自国内的野生天门冬居群，每个居群随机选取 3～5 个样本。各材料基本情况如表 4-1 所示。采用十六烷基三甲基溴化铵（CTAB）法（Rogers and Bendich，1988）提取叶片基因组 DNA，并使用 1.0%琼脂糖电泳和核酸检测仪检测质量浓度，然后稀释至 30ng/μL。

4.1.1.2 ISSR-PCR 反应体系正交试验设计

采用 L_{16}（4^5）正交试验设计，对 Mg^{2+}、dNTP、*Taq* 酶、引物和模板 DNA 进行五因素四水平筛选（表 4-2），此外还包括 2.5μL 10×PCR Buffer，引物选用的是（AC）$_8$T，总反应体系为 25μL。PCR 扩增程序：95℃预变性时间为 5min，94℃变性时间为 1min，50℃退火时间为 70s，72℃延伸时间为 2min，循环次数为 39 个循环，最后 72℃延伸时间为 10min。扩增结束后，产物在浓度为 3.0%琼脂糖凝胶上电泳，凝胶中含浓度为 0.05%的溴化乙锭，电极缓冲液为 1×TAE，电压 5V/cm。

电泳结束后在凝胶成像分析仪上观测分析数据并照相。

表 4-1　用于 ISSR 分析的不同居群天门冬

代号	居群	样本	代号	居群	样本
HZ	浙江杭州	5	NN	广西南宁	3
DS	贵州独山	5	KL	贵州凯里	3
GZ	广东广州	3	FQ	贵州福泉	3
HS	湖南衡山	3	WA	贵州瓮安	3
YQ	贵州余庆	3	HX	贵州花溪	3
YZ	湖南永州	3	QX	贵州黔西	3
XN	湖南新宁	3	XY	贵州兴义	5
PY	湖南坪阳	3	QJ	云南曲靖	5
GX	湖南甘溪	3	XI	青海西宁	5
YH	贵州沿河	3			

表 4-2　正交试验设计 L_{16}（4^5）

组合	因素				
	Taq 酶（U）	dNTP（μmol/L）	Mg^{2+}（mmol/L）	引物（μmol/L）	DNA（ng）
1	0.5	200	1.00	0.8	25
2	1.0	200	1.25	1.0	30
3	1.5	200	1.50	1.2	35
4	2.0	200	1.75	1.4	40
5	1.5	260	1.25	0.8	40
6	2.0	260	1.00	1.0	35
7	0.5	260	1.75	1.2	30
8	1.0	260	1.50	1.4	25
9	2.0	320	1.50	0.8	30
10	1.5	320	1.75	1.0	25
11	1.0	320	1.00	1.2	40
12	0.5	320	1.25	1.4	35
13	1.0	380	1.75	0.8	40
14	0.5	380	1.50	1.0	35
15	2.0	380	1.25	1.2	25
16	1.5	380	1.00	1.4	30

4.1.1.3　ISSR-PCR 反应体系单因素试验

在正交试验结果的基础上，选择扩增效果比较好的反应体系，进行单因素试验，进一步优化能够影响扩增效果的因素。其中 *Taq* 酶用量设置 0.5U、1.0U、1.5U、2.0U、2.5U、3.0U 共 6 个梯度，dNTP 浓度设置 140μmol/L、200μmol/L、260μmol/L、320μmol/L、380μmol/L、440μmol/L 共 6 个梯度，Mg^{2+}浓度设置 1.00mmol/L、1.25mmol/L、1.50mmol/L、1.75mmol/L、2.00mmol/L、2.25mmol/L 共 6 个梯度，

引物浓度设置 0.60μmol/L、0.80μmol/L、1.00μmol/L、1.20μmol/L、1.40μmol/L、1.60μmol/L 共 6 个梯度，DNA 模板设置 25ng、30ng、35ng、40ng、45ng、50ng、55ng、60ng、65ng、70ng 共 10 个梯度，每组 2 个重复。*Taq* 酶、dNTP、Mg^{2+}、引物浓度及 DNA 用量等因子的最佳条件确定后作为后续研究的一个重要条件。

4.1.1.4 ISSR-PCR 反应程序优化

在确定最佳反应体系的基础上，对延伸时间和循环次数进行优化筛选。延伸时间设置成 4 个处理，处理时间分别为 0.5min、1min、1.5min、2min；循环次数设 5 个处理，分别为 25 次、30 次、35 次、40 次和 45 次，延伸温度为 72℃。

4.1.1.5 引物筛选

根据 ISSR-PCR 的最佳反应体系和扩增条件进行引物筛选。

4.1.1.6 数据分析

每个引物均重复扩增和电泳 2 次，操作之后选取稳定清晰的条带进行统计分析。电泳图谱的每条带（DNA 片段），均为 1 个分子标记，也都代表着 1 个引物的结合位点。根据分子标记的迁移率以有无来统计所有的二元数据，有带（显性）记为 1，无带（隐性）记为 0，强带和弱带的赋值均为 1。应用 POPGEN32 软件计算各居群的多态位点百分率（PPL）、Nei 氏基因多样性指数（*H*）、Shannon 多态性信息指数（*I*）、基因分化系数（Gst）、居群总基因多样性（Ht）、居群内基因多样性（Hs），并根据 Nei 氏遗传距离进行 UPGMA 聚类分析，构建系统树。

4.1.2 正交设计直观分析

采用 L_{16}（4^5）正交试验，PCR 产物电泳结果发现，所有组合均能扩增出条带，但是由于组合，条带的数目和清晰度均不一致（图 4-1）。以特异谱带多态性高、主带清晰、副带明显、背景干扰低为原则，同时也考虑实验成本，确定第 11 组合为天门冬 ISSR-PCR 的最佳反应体系。

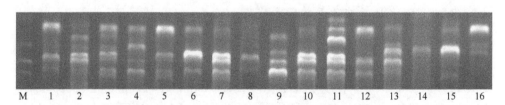

图 4-1　天门冬 ISSR-PCR 正交试验
1～16 处理编号同表 4-2；M 为 Marker

4.1.3　单因素试验结果分析

4.1.3.1　*Taq* 酶用量对 ISSR-PCR 的影响

在一定范围内，*Taq* 酶用量增加，扩增条带的清晰度也逐渐增加（图 4-2）。当 *Taq* 酶用量达到 1.50U 时，扩增条带达到清晰的程度，但是以后酶用量无论如何增加，扩增条带清晰度的增加不再明显，再考虑实验成本，因此，确定天门冬 ISSR-PCR 体系中酶的最佳用量为 1.5U。

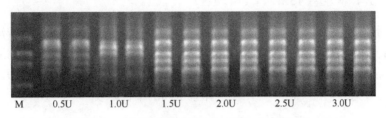

图 4-2　*Taq* 酶用量对天门冬 ISSR-PCR 的影响

M 为 Marker

4.1.3.2　dNTP 浓度对 ISSR-PCR 的影响

低 dNTP 浓度（＜200μmol/L）时，扩增条带的清晰度较低且数目比较少；随着 dNTP 浓度的上升，谱带数目逐渐增多且成像逐渐变得更加清晰，当 dNTP 浓度为 320μmol/L 时谱带达到最清晰；以后浓度增加，条带数目和清晰度不再增加（图 4-3）。因此，320μmol/L 为天门冬 ISSR-PCR 反应体系 dNTP 的最佳浓度。

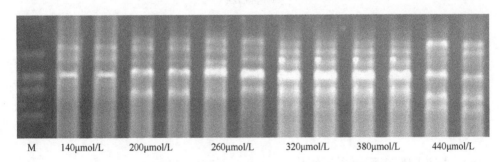

图 4-3　dNTP 浓度对天门冬 ISSR-PCR 扩增的影响

M 为 Marker

4.1.3.3　Mg^{2+} 浓度对 ISSR-PCR 的影响

随着 Mg^{2+} 浓度的增加，条带数目和清晰度均逐渐增加，当 Mg^{2+} 浓度为 1.25mmol/L 时条带数目最多、清晰度最高（图 4-4）。因此，1.25mmol/L 为天门冬 ISSR-PCR 反应体系 Mg^{2+} 的最佳浓度。

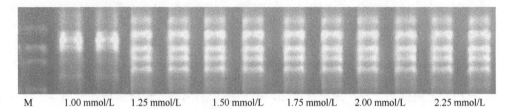

图 4-4　Mg²⁺浓度对天门冬 ISSR-PCR 扩增的影响

M 为 Marker

4.1.3.4　引物浓度对 ISSR-PCR 的影响

不同浓度的引物均能扩增出条带，随着引物浓度的逐渐升高，条带清晰度首先由低到高；当引物浓度为 1.20μmol/L 时，条带清晰度为最佳；当引物浓度超过 1.20μmol/L，随着引物浓度的不断上升，条带清晰度反而变低（图 4-5）。因此，1.20μmol/L 为天门冬 ISSR-PCR 反应体系引物的最佳浓度。

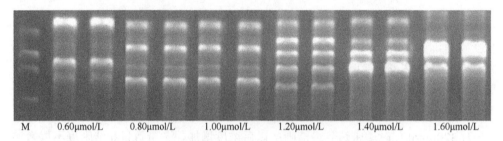

图 4-5　引物浓度对天门冬 ISSR-PCR 扩增的影响

M 为 Marker

4.1.3.5　模板 DNA 浓度对 ISSR-PCR 的影响

模板 DNA 浓度为 25ng 时，条带数目相对来说较少；在浓度为 30～55ng 时条带多态性高，且浓度为 40ng 时条带的清晰度最高；当浓度超过 55ng 时，条带数目和清晰度反而降低（图 4-6）。因此，40ng 为天门冬 ISSR-PCR 反应体系模板的最佳浓度。

4.1.4　ISSR-PCR 反应程序优化

4.1.4.1　循环次数对 ISSR-PCR 的影响

循环次数为 25 个循环时，条带数目相对来说比较少；循环次数超过 25 次，随着循环次数的逐渐增加，条带数目逐渐增多且清晰度越来越高；当循环次数达到 40 个循环时，得到的条带数目相对来说比较合适，清晰度相对来说比较高；循环次数达到 45 个循环时的条带与 40 个循环的条带数目和清晰度几乎没有差异（图 4-7）。因此，考虑到时间成本，确定 40 个循环为天门冬 ISSR-PCR 反应的最佳循环次数。

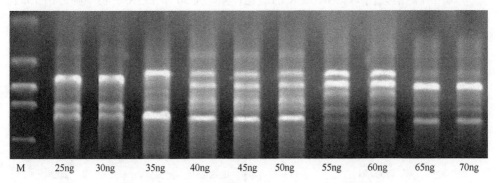

图 4-6　模板 DNA 浓度对天门冬 ISSR-PCR 扩增的影响

M 为 Marker

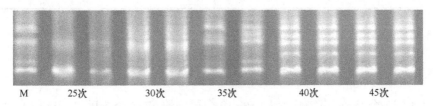

图 4-7　循环次数对天门冬 ISSR-PCR 扩增的影响

M 为 Marker

4.1.4.2　延伸时间对 ISSR-PCR 的影响

延伸时间的长短与扩增片段的长度呈正相关，延伸时间过短（0.5min）时，一些较大的片段无法完成扩增，会造成条带缺失；当延伸时间达到 1.5min 时，扩增的条带数目相对较多，较大的片段也变得清晰可见；延伸时间为 2.0min 时的条带数目与清晰程度都与 1.5min 时的基本相同（图 4-8）。因此，确定 1.5min 为天门冬 ISSR-PCR 反应的最佳延伸时间。

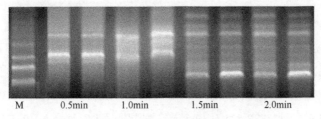

图 4-8　延伸时间对天门冬 ISSR-PCR 扩增的影响

M 为 Marker

4.1.4.3　引物的筛选

利用确定的天门冬 ISSR-PCR 的最佳体系，从 50 个 ISSR 引物中筛选出 13 个扩增稳定、多态性高的引物（表 4-3）。

表 4-3　筛选的天门冬 ISSR 引物和最佳退火温度

引物	序列	退火温度（℃）	引物	序列	退火温度（℃）
ISSR-807	（AG）$_8$T	50.6	ISSR-849	（GT）$_8$YA	50.7
ISSR-811	（GA）$_8$C	52.2	ISSR-851	（GT）$_8$YG	52.1
ISSR-815	（CT）$_8$G	51.9	ISSR-853	（TC）$_8$RT	50.3
ISSR-823	（TC）$_8$C	52.5	ISSR-857	（AC）$_8$YG	51.8
ISSR-825	（AC）$_8$T	50.5	ISSR-861	（ACC）$_6$	60.2
ISSR-827	（AC）$_8$G	51.5	ISSR-892	HVH（TG）$_7$	59.5
ISSR-843	（CT）$_8$RA	50.3			

4.1.5　ISSR-PCR 正交反应体系应用

4.1.5.1　不同天门冬居群的遗传多样性

利用 13 个 ISSR 引物分析天门冬 19 个居群的 67 个个体后，共得到 125 条带，相对分子质量为 100～2000bp，其中多态性条带数量为 92 条，多态性位点百分率为 73.00%；每条引物平均扩出条带数量为 9.6 条，其中多态性条带数量为 7.07 条，Nei 氏基因多样性指数为 0.19，Shannon 多态性信息指数为 0.30（图 4-9 为引物 ISSR-825 的扩增结果，箭头所指为该天门冬居群的特异性条带）。天门冬不同居群内的多态性位点百分率为 12.00%～25.00%，其中多态性位点百分率最高的是贵州黔西居群，为 25.00%；贵州花溪居群的多态性位点百分率次之，为 24.00%；多态性位点百分率最低的是青海西宁居群，为 12.00%。居群内，Nei 氏基因多样性指数为 0.03～0.08，Shannon 多态性信息指数为 0.06～0.13。

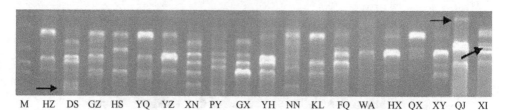

M　HZ　DS　GZ　HS　YQ　YZ　XN　PY　GX　YH　NN　KL　FQ　WA　HX　QX　XY　QJ　XI

图 4-9　引物 ISSR-825 对 19 个天门冬居群（各取 1 个样本）的扩增图

M 为 Marker

4.1.5.2　不同天门冬居群的特异条带分析

经过比较分析后，找到 19 个居群天门冬的特异条带（表 4-4）。每个居群天门冬的特异带条数各不相同，均在 1～3 条波动，这些特异条带可以作为鉴定不同居群天门冬的分子标记以区分这些不同居群的天门冬。

表 4-4　不同居群天门冬特异带

居群	特异带条数	引物序号	片段大小（bp）	居群	特异带条数	引物序号	片段大小（bp）
HZ	3	ISSR-807 ISSR-823	300，350 420	NN	2	ISSR-807 ISSR-853	200 260
DS	2	ISSR-825 ISSR-892	1250 240	KL	1	ISSR-815	180
GZ	3	ISSR-811 ISSR-827 ISSR-853	240 410 130	FQ	2	ISSR-815 ISSR-811	650 420
HS	1	ISSR-861	250	WA	2	ISSR-827 ISSR-849	470 260
YQ	1	ISSR-853	200	HX	1	ISSR-857	480
YZ	2	ISSR-849 ISSR-857	420 340	QX	1	ISSR-849	750
XN	3	ISSR-815 ISSR-823	300 430	XY	2	ISSR-861 ISSR-892	420 400
PY	1	ISSR-827	200	QJ	2	ISSR-825 ISSR-851	80 500
GX	1	ISSR-851	160	XI	2	ISSR-825 ISSR-843	200 400
YH	2	ISSR-861 ISSR-853	300 400				

4.1.5.3　不同居群天门冬的遗传分化分析

根据居群总基因多样性（Ht）和居群内基因多样性（Hs）来计算居群间遗传差异在总遗传变异中所占的比例。天门冬 Ht =0.33，Hs=0.10，居群间的基因分化指数（Gst）为 0.8206。这表明有居群间遗传差异在总遗传变异中所占比例 82.06% 的变异是存在于居群间，而 17.94% 的变异存在于居群内。天门冬绝大部分的遗传分化存在于居群间，居群内的遗传分化较低。

天门冬的 UPGMA 聚类分析图显示，19 个居群天门冬以北纬 108° 为临界点分为 2 大支，其中瓮安居群、花溪居群、兴义居群、福泉居群、黔西居群、曲靖居群和西宁居群为 1 大支，其他居群为另 1 大支。第 2 大支又可分为 2 个小支，广州居群、独山居群、杭州居群和余庆居群为 1 小支，这 1 小支中的 4 个居群都位于较高纬度（图 4-10）。上述的聚类结果很明显地展现了不同居群间的亲缘关系，亲缘关系相对来说比较近的居群首先进行聚类，亲缘关系相对来说比较远的居群最后进行聚类。总的看来，在地理分布上主要是纬度相近的居群都聚在了一起，聚类结果与地理分布有较明显的一致性。

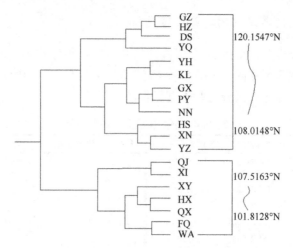

图 4-10　基于 ISSR 的天门冬系统树

4.2　不同产地天门冬 ITS 序列分析

高等植物编码核糖体 RNA 的基因是高度重复的串联序列，其中编码为 18S、5.8S 和 26S 的 rDNA 为一个转录单位，内转录间隔区（internal transcribed spacer，ITS）是介于 18S 和 5.8S 之间（ITS1）及 5.8S 和 26S 之间（ITS2）的非编码转录区，其转录产物在 rRNA 的加工过程中被切掉。编码 18S、5.8S 和 26S 的序列为高度保守区，ITS 序列为进化速度较快的中度保守序列，且各重复单元之间都具有同步进化的特点。因此，ITS 序列作为基因标记很快成为在序列水平上探讨系统发育和进化研究的有效手段（Christopher et al.，2009；Vijaykumar et al.，2010；Yan et al.，2010），本研究探讨的是该序列在天门冬中的研究应用。

4.2.1　材料与方法

4.2.1.1　材料

材料为主要分布于我国贵州、湖南和浙江等 7 个省（自治区）的 25 个不同天门冬居群，每个居群分为 3 个样本，按照纬度从高到低进行排列和编号（表 4-5）。

4.2.1.2　方法

采取 CTAB 法进行 DNA 的提取。参考 White 等（1990）的研究，ITS 引物为 5'-TCCTCCGCTTATTGATATGC-3'和 5'-GGAAGGTAAAAGTCAAGG-3'，反应体系包括 10×PCR Buffer 5μL、10mmol/L dNTP 1μL、50mmol/L 引物各 1μL、DNA 40ng、*Taq* DNA 聚合酶 0.4μL，补充双蒸水至 50μL。反应程序：95℃预变性时间

为 4min；94℃变性时间为 45s，56℃退火时间为 45s，72℃延伸时间为 45s，循环数为 35；72℃后延伸时间为 10min。PCR 产物纯化用购自生工生物工程（上海）股份有限公司（上海生工）的 DNA 纯化试剂盒。纯化产物经过鉴定后送往上海生工进行双向测序，重复进行操作 3 次。所得序列采用 DNAMAN 和 MEGA 4.0 软件进行分析。

表 4-5　供试天门冬来源及地理位置

居群	样本	来源地	野生或栽培	地理位置	
				北纬（°）	东经（°）
XN	3	青海西宁	野生	36.567	101.814
YS	3	青海玉树	野生	31.910	89.450
HZ	3	浙江湖州	栽培	30.367	119.233
ZH	3	浙江杭州	栽培	29.183	118.350
YH	3	贵州沿河	野生	28.211	108.005
HS	3	湖南衡山	野生	27.284	112.706
XH	3	湖南新晃	野生	27.067	108.787
QX	3	贵州黔西	野生	26.902	105.683
WA	3	贵州瓮安	野生	26.883	107.284
FQ	3	贵州福泉	野生	26.681	107.516
HX	3	贵州花溪	野生	26.428	106.675
KL	3	贵州凯里	野生	26.410	107.683
XI	3	湖南新宁	野生	26.251	110.301
TD	3	湖南通道	野生	25.911	109.742
YQ	3	贵州余庆	野生	25.317	107.283
DS	3	贵州独山	野生	25.011	108.310
YZ	3	湖南永州	野生	24.650	111.001
XY	3	贵州兴义	野生	24.633	104.851
KM	3	云南昆明	野生	24.383	102.167
QJ	3	云南曲靖	野生	24.317	102.710
GL	3	广西桂林	栽培	24.250	109.060
YX	3	云南玉溪	野生	23.316	101.267
GZ	3	广东广州	栽培	23.105	113.251
NN	3	广西南宁	栽培	22.217	107.901
ZS	3	广东中山	栽培	22.183	113.151

4.2.2 ITS 序列长度和 GC 含量分析

75 个样本的 ITS 序列全长为 609～622bp，长度变化为 13bp，GC 含量为 56.7%～62.8%；ITS1 片段和 ITS2 片段长度主要为 249bp 和 240bp，ITS2 片段的 GC 含量较高，几乎都为 65%（表 4-6）。经过序列比对之后发现，居群内 3 个样本的 ITS 序列长度完全相同，仅仅存在个别位点碱基的变化；居群间样本则存在相对比较明显的变异，可见 ITS 序列能较好地反映不同居群天门冬差别，是鉴别不同居群天门冬的良好分子标记。

表 4-6 不同居群天门冬的 ITS 长度和 GC 含量比较

居群	ITS		ITS1		ITS2	
	长度（bp）	GC 含量（%）	长度（bp）	GC 含量（%）	长度（bp）	GC 含量（%）
XN	617	56.7	246	59.4	241	59.8
YS	616	56.7	246	59.4	240	59.8
HZ	619	62.1	249	63.0	240	65.0
ZH	622	61.5	249	61.4	243	65.0
YH	619	62.1	249	63.0	240	65.0
HS	619	62.0	249	63.0	240	64.6
XH	619	62.7	249	64.2	240	65.0
QX	619	62.5	249	63.0	240	65.9
WA	619	62.5	249	63.4	240	65.5
FQ	619	62.1	249	63.0	240	65.0
HX	619	62.1	249	62.6	240	65.5
KL	621	61.5	250	62.0	241	65.1
XI	619	62.1	249	63.4	240	64.6
TD	621	62.7	250	62.8	241	65.1
YQ	619	62.0	249	63.4	240	65.0
DS	619	62.1	249	63.0	240	65.0
YZ	619	61.7	249	63.0	240	64.1
XY	618	62.8	249	64.2	239	65.3
KM	619	62.1	249	63.0	240	65.0
QJ	621	62.3	249	63.8	242	66.1
GL	619	62.1	249	63.0	240	65.0
YX	619	62.1	249	63.0	240	65.0
GZ	622	62.1	249	62.6	243	65.0
NN	609	61.7	239	61.5	240	65.5
ZS	619	62.1	249	63.0	240	65.0

4.2.3　不同居群天门冬变异位点分析

　　不同居群天门冬的 ITS1 和 ITS2 序列变异位点数目存在差异，ITS1 序列平均变异位点数目为 9.64 个，ITS2 序列的变异位点数目多于 ITS1 序列的变异位点数目，且 ITS2 序列平均变异位点数目明显高于 ITS1 序列平均变异位点数目，达到14.60 个；ITS 序列变异率最高的为瓮安和福泉居群，变异率为 5.93%，湖州和桂林居群变异率最低，为 3.88%（表 4-7）。

表 4-7　不同居群天门冬 ITS1 和 ITS2 的变异位点数目和变异率

居群	ITS1		ITS2		总变异位点数（个）	变异率（%）
	变异位点数（个）	变异率（%）	变异位点数（个）	变异率（%）		
XN	8	3.25	14	5.81	22	4.51
YS	11	4.47	16	6.67	27	5.56
HZ	7	2.81	12	5.00	19	3.88
ZH	9	3.61	15	6.17	24	4.87
YH	11	4.42	17	7.08	28	5.72
HS	12	4.82	15	6.25	27	5.52
XH	8	3.21	17	7.08	25	5.11
QX	10	4.06	16	6.67	26	5.31
WA	13	5.22	16	6.67	29	5.93
FQ	7	2.81	22	9.17	29	5.93
HX	9	3.61	16	6.67	25	5.11
KL	9	3.60	13	5.39	22	4.48
XI	11	4.41	15	6.25	26	5.31
TD	8	3.20	13	5.39	21	4.27
YQ	10	4.01	16	6.67	26	5.31
DS	13	5.22	14	5.83	27	5.52
YZ	11	4.41	16	6.67	27	5.52
XY	12	4.82	16	6.69	28	5.73
KM	9	3.61	14	5.83	23	4.70
QJ	7	2.81	13	5.37	20	4.07
GL	8	3.21	11	4.58	19	3.88
YX	9	3.61	13	5.42	22	4.49
GZ	9	3.61	11	4.52	20	4.06
NN	11	4.60	13	5.42	24	5.01
ZS	9	3.61	11	4.58	20	4.08

　　不同省（自治区）之间的变异位点数目和变异率同样存在差异，贵州省的天门冬居群 ITS1 和 ITS2 的变异率分别达到 4.19% 和 6.75%，变异率高于其他省（自治区）产天门冬；而浙江省的 ITS1 变异率和广东省的 ITS2 变异率相对较低（图 4-11）。

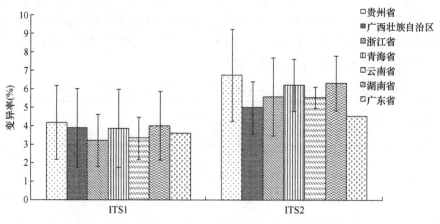

图 4-11　不同省（自治区）天门冬居群 ITS 序列变异率

4.2.4　不同省（自治区）天门冬居群 ITS 序列信息位点分析

　　经过序列比对后发现，不同省（自治区）天门冬居群存在一定数量的不同信息位点，ITS1 片段的信息位点数目少于 ITS2 片段信息位点数目，ITS2 片段的信息位点都为单核苷酸位点（SNP）。贵州省信息位点数目较多，ITS1 的 186 位点为 T，其他省（自治区）居群信息位点都为 C；ITS2 片段的 30 位点为 G，其他省（自治区）居群信息位点都缺失（云南省居群为 A），75、83、132、197 和 229 位点分别为 T、C、A、T 和 A（表 4-8）。

表 4-8　不同省（自治区）天门冬居群信息位点比较

省（自治区）	ITS1 信息位点			ITS2 信息位点								
	53~55	94~96	186	30	43	75	83	132	197	207	229	239
贵州	GGC	TGC	T	G	A	T	C	A	T	G	A	C
广西	AGC	TGT	C	—	—	G	T	G	A	A	C	T
浙江	AGC	TGC	C	—	A	G	T	C	A	G	C	C
青海	CGC	TGC	C	—	A	A	T	C	A	G	T	C
云南	GGC	AAC	C	A	A	G	T	C	A	G	C	C
湖南	GGA	TGT	C	—	A	G	T	G	A	A	C	T
广东	AGC	TGT	C	—	A	G	T	C	A	G	C	C

注："—"表示缺失

4.2.5　基于 ITS 序列的系统树

分析 ITS 序列构建出来的 75 个天门冬样本的系统树发现，同一居群内的 3 个样本优先聚类，然后是同省（自治区）的居群聚类。位于北纬 24.633°～36.567°、北纬 22.183°～24.383°的天门冬居群分别聚为第 1 大支、第 2 大支；第 1 大支中包括青海省、湖南省和贵州省的居群，第 2 大支则包括浙江、广东、云南和广西四省（自治区）的居群（图 4-12）。

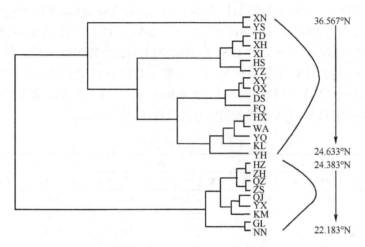

图 4-12　基于 ITS 序列的天门冬系统树
同一居群的 3 个样本取 1 个样本作图

4.3　天门冬属部分物种 ITS 序列分析

4.3.1　材料与方法

4.3.1.1　材料

原产于中国：1-天门冬、2-短梗天门冬、3-羊齿天门冬、4-新疆天门冬，以及 5-文竹。原产于南非：6-非洲天门冬、7-狐尾天门冬和 8-武竹（非洲天门冬变种）。原产于地中海沿岸：9-石刁柏。

4.3.1.2　方法

采取 CTAB 法进行 DNA 的提取。ITS 引物采用 White 等（1990）的通用引物：5'-TCCTCCGCTTATTGATATGC-3'和 5'-GGAAGGTAAAAGTCAAGG-3'。反应体系包括 10×PCR Buffer 5μL、10mmol/L dNTP 1μL、50mmol/L 引物各 1μL、DNA

40ng、*Taq* DNA 聚合酶 0.4μL，补充双蒸水至 50μL。反应程序：95℃预变性 4min；94℃变性 45s，56℃退火 45s，72℃延伸 45s，35 个循环；72℃后延伸 10min。PCR 产物纯化用购自上海生工的 DNA 纯化试剂盒。扩增产物用 2%琼脂糖凝胶电泳，照相记录。纯化后的 PCR 产物送到上海生工测序。所得序列采用 DNAMAN 软件进行分析，并构建系统树。

4.3.2 ITS 序列变异分析

9 个物种 ITS 序列全长为 711～748bp，GC 含量较高，为 58.4%～60.8%（表 4-9）。ITS1 的 GC 含量 59.4%～63.8%，长度为 246～265bp；ITS2 的 GC 含量 61.2%～65.6%，长度为 239～259bp；9 个物种 ITS1 和 ITS2 的变异位点共 61 个（约占整个 ITS 序列的 12.6%），其中 ITS1 变异点有 35 个（占整个 ITS1 序列的 14.2%），ITS2 变异点有 26 个（占整个 ITS2 序列的 10.9%）（表 4-10）。rDNA ITS 序列特征能较好地反映天门冬属的种间差别，为天门冬属的鉴别提供良好的分子标记。

表 4-9 ITS 长度和 GC 含量

材料	ITS1		ITS2		ITS	
	长度（bp）	GC 含量（%）	长度（bp）	GC 含量（%）	长度（bp）	GC 含量（%）
1	246	62.5	239	63.8	711	60.3
2	252	63.8	242	65.6	720	60.7
3	265	60.8	257	61.2	748	59.2
4	250	63.4	240	64.7	716	60.4
5	261	59.4	255	63.8	742	58.4
6	250	63.6	241	63.8	717	60.8
7	259	63.8	255	64.5	740	60.1
8	261	61.8	259	62.4	746	60.3
9	260	60.5	259	62.6	745	60.5

表 4-10 ITS（ITS1 和 ITS2）序列及其变异

序列	序列长度（bp）	变异位点数目（个）	比例（%）
ITS1	246～265	35	14.2
ITS2	239～259	26	10.9
ITS1 + ITS2	485～522	61	12.6

4.3.3 ITS 序列遗传距离及系统树构建

通过序列比对并分析遗传距离（表 4-11）可看出，天门冬与石刁柏亲缘关系最近（遗传距离为 0.044），与文竹亲缘关系最远（遗传距离为 0.684）；天门冬同来自非洲的 3 个物种之间遗传距离较近（0.071～0.092），短梗天门冬、羊齿天门冬和新疆天门冬 3 个物种间遗传距离也较近；其他各种材料之间的遗传距离则远近不一。

表 4-11　供试材料 ITS 序列遗传距离

材料	1	2	3	4	5	6	7	8	9
1	0								
2	0.676	0							
3	0.679	0.028	0						
4	0.678	0.035	0.021	0					
5	0.684	0.142	0.145	0.155	0				
6	0.071	0.661	0.667	0.665	0.681	0			
7	0.079	0.659	0.663	0.663	0.677	0.056	0		
8	0.092	0.654	0.657	0.654	0.668	0.058	0.083	0	
9	0.044	0.671	0.673	0.672	0.680	0.090	0.108	0.110	0

注：编号和名称见 4.3.1.1

根据 ITS 序列测序结果，运用非加权组平均法（UPGMA）构建系统树（图 4-13）。根据系统树，石刁柏和天门冬优先聚为一支，然后这一分支与来自非洲的非洲天门冬和狐尾天门冬聚类，最后与非洲天门冬的变种武竹聚类；羊齿天门冬、新疆天门冬与短梗天门冬和文竹为一支，其中羊齿天门冬与新疆天门冬聚类后与短梗天门冬聚类，最后与文竹聚类。

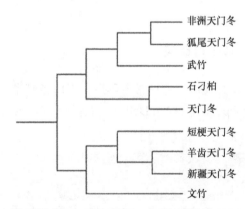

图 4-13　天门冬属 9 个种的系统树

4.4　天门冬叶绿体分子标记分析

由于叶绿体比细胞核受外界影响较小，相对来说比较保守，因此用叶绿体来进行品种的鉴定更能体现物种进化的趋势。

4.4.1　材料与方法

4.4.1.1　材料

原产于中国：1-天门冬、2-短梗天门冬、3-羊齿天门冬、4-新疆天门冬、5-文竹。原产于南非：6-非洲天门冬、7-狐尾天门冬、8-武竹（非洲天门冬变种）。原产于地中海沿岸：9-石刁柏。

4.4.1.2　*方法*

采取 CTAB 法进行 DNA 的提取。叶绿体引物 DelA-F：5′-GGGTAGAGAATCGTTGCCTC-3′，DelA-R：5′-CCAATCGCGGTCTTTCCCTA-3′ 及 DelB-F：5′-GGCGAACAATTCGACAGACC-3′，DelB-R：5′-CGAGTCCGTATAGCCCTAAC-3′。反应体系：总体积为50μL，每个引物浓度分别为0.5μmol/L、50ng 总 DNA、Tris-HCl 缓冲液（pH 8.3）浓度为 10mmol/L、dNTP 浓度为 0.8mmol/L（各 0.2mmol/L）、*Taq* DNA 聚合酶1.25U。扩增程序：94℃时间为5min，接着94℃时间为1.5min、48℃时间为2min、72℃时间为3min，40 个循环，72℃后延伸时间为10min。PCR 产物纯化用购自上海生工的 DNA 纯化试剂盒。扩增产物可以用浓度为 2%琼脂糖凝胶电泳，照相记录。纯化的 PCR 产物最后送到上海生工测序。所得序列采用 DNAMAN 软件进行分析，并构建系统树。

4.4.2　叶绿体扩增片段长度比较

扩增后，天门冬属其他植物扩增带型落后于天门冬带型。DelA 扩增片段约为222bp，天门冬缺失96bp（图 4-14A）；DelB 扩增片段约为562bp，天门冬缺失347bp（图 4-14B）。

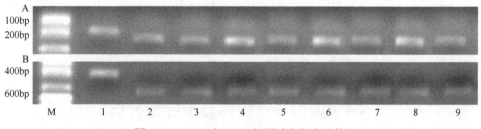

图 4-14　DelA 和 DelB 扩增片段长度比较

4.4.3　叶绿体扩增片段序列分析

DelA 引物扩增的片段经过测序分析之后发现，天门冬在该片段 110～206 碱基位点缺失了 96bp（图 4-15）。通过网站（http://blast.ncbi.nlm.nih.gov/Blast.cgi）进行序列比对之后，发现 DelA 序列与植物睡莲（*Nymphaea tetragona*）的叶绿体片段（DQ354691.1）和植物白睡莲（*Nymphaea alba*）的叶绿体片段（AJ627251.1）两段序列相似度达到 87%，这两段序列与 *psb*A 基因序列基本相似，参与编码 photosystem II protein D1 蛋白。

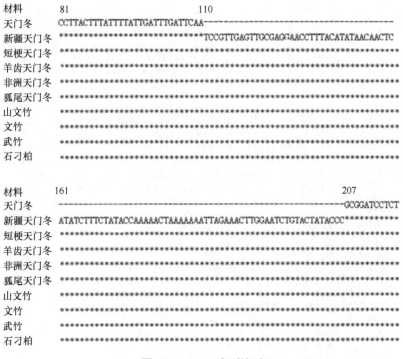

图 4-15　DelA 序列比对

扩增的片段测序分析发现，天门冬的 DelB 片段在 39～386 碱基位点缺失了 347bp（图 4-16）。序列比对后发现，该片段与植物北美菖蒲（*Acorus calamus* var. *americanus*）的叶绿体片段（EU273602.1）和植物菖蒲（*Acorus calamus*）的叶绿体片段（AJ879453.1）这两段序列相似度达到 91%，基因与 *rps*12 基因序列类似，参与编码 ribosomal protein S12 蛋白。

材料	1	39

```
材料       1                                      39
天门冬     TACATGCTATTTTAGTTTAGTATAGTTTTCATTTCCTC----------------------
新疆天门冬  **************************************ATTAGTACTTGTTTATGGACTGACCCGTTC
短梗天门冬  ************************************************************
羊齿天门冬  ************************************************************
非洲天门冬  ************************************************************
狐尾天门冬  ************************************************************
山文竹     ************************************************************
文竹       ************************************************************
武竹       ************************************************************
石刁柏     ************************************************************

天门冬     ------------------------------------------------------------
新疆天门冬  CTTTGTTCCATAGAAATGAAAGCATTACCACATGCTCATGTGAATGCATAGGGACAGAAAAATAAAAA
短梗天门冬  **********************************************************
羊齿天门冬  **********************************************************
非洲天门冬  **********************************************************
狐尾天门冬  **********************************************************
山文竹     **********************************************************
文竹       **********************************************************
武竹       **********************************************************
石刁柏     **********************************************************

天门冬     ------------------------------------------------------------
新疆天门冬  CAATAATTCATTCCAACGGATCCAATCGCTATTTGTAAAATCTCCGAGAAAATACCTATCCTTCTTCA
短梗天门冬  **********************************************************
羊齿天门冬  **********************************************************
非洲天门冬  **********************************************************
狐尾天门冬  **********************************************************
山文竹     **********************************************************
文竹       **********************************************************
武竹       **********************************************************
石刁柏     **********************************************************

天门冬     ------------------------------------------------------------
新疆天门冬  TTAATCTTCATGGATGAATTCCATAGAACTTTTTCCTGTGTCCATGATGAAGGAGTTACTGATATACTTT
短梗天门冬  **********************************************************
羊齿天门冬  **********************************************************
非洲天门冬  **********************************************************
狐尾天门冬  **********************************************************
山文竹     **********************************************************
文竹       **********************************************************
武竹       **********************************************************
石刁柏     **********************************************************

天门冬     ------------------------------------------------------------
新疆天门冬  TGTTTTGGTATATCCAATCCCAATCAATTTATGAAGTGAAAATCATGACACGATCCTGTCTAAAAACT
短梗天门冬  **********************************************************
羊齿天门冬  **********************************************************
非洲天门冬  **********************************************************
狐尾天门冬  **********************************************************
山文竹     **********************************************************
文竹       **********************************************************
武竹       **********************************************************
石刁柏     **********************************************************
```

材料	386
天门冬	-------------------------------TTCTTTTCTTGGTCTTGTAGTA
新疆天门冬	GCATCCTGACCCAATCAAATCCTAAGTTACACGGATCTAGTACCTA **********************
短梗天门冬	***
羊齿天门冬	***
非洲天门冬	***
狐尾天门冬	***
山文竹	***
文竹	***
武竹	***
石刁柏	***

图 4-16　DelB 序列比对

4.5　不同地区天门冬叶绿体 *trn*H-*psb*A 序列分析

叶绿体基因组中的 *trn*H-*psb*A 片段是进化速率相对来说比较快的叶绿体间隔区之一，也是 DNA 条形码之一，因为该片段两端存在大小为 75bp 的保守序列，便于设计通用引物，同时由于该片段引物通用性较好，扩增成功率比较高，并且平均长度较短，对降解材料的扩增效果也比较显著（Kress et al.，2005；Shaw et al.，2007；Lahaye et al.，2008；邵浩等，2010）。

4.5.1　材料与方法

4.5.1.1　材料

对分布于贵州、湖南和浙江等 6 个省（自治区）的 13 个不同天门冬居群，每个居群 3 个样本，按照纬度从低到高进行排列和编号（表 4-12）。

表 4-12　供试天门冬来源及地理位置

编号	来源地	地理位置		类型
		北纬（°）	东经（°）	
1	贵州余庆	22.503	112.511	野生
2	广西南宁	22.824	108.365	栽培
3	广东广州	23.114	113.270	栽培
4	贵州兴义	25.542	104.876	野生
5	湖南永州	26.130	111.370	野生
6	贵州花溪	26.428	106.675	野生
7	湖南新宁	26.435	110.855	野生
8	贵州黔西	27.049	106.033	野生
9	湖南衡山	27.284	112.706	野生
10	贵州沿河	28.570	108.480	野生
11	浙江杭州	30.284	120.155	栽培
12	贵州独山	35.765	116.083	野生
13	青海西宁	36.561	101.813	野生

4.5.1.2　方法

植物基因组 DNA 采取改进的 CTAB 法。参考 Peterson 等（2004），trnH-psbA 引物为 5′-GTTATGCATGAACGTAATGCTC-3′ 和 5′-CGCGCATGGTGGATTCA CAATCC-3′，反应体系包括 10×PCR Buffer 5μL、10mmol/L dNTP 0.8μL、50mmol/L 引物各 0.8μL、DNA 40ng、Taq DNA 聚合酶 0.8μL，补充双蒸水至 50μL。反应程序：95℃预变性时间为 4min；94℃变性时间为 50s，56℃（50℃）退火时间为 40s，72℃延伸时间为 50s，循环数为 32；72℃后延伸时间为 10min。

用购自上海生工的 DNA 纯化试剂盒进行纯化操作。纯化产物交到上海生工完成测序。重复该程序 3 次。

4.5.2　trnH-psbA 序列长度和 GC 含量分析

分析测序结果可以看出，同一居群之内的 3 个样本的序列完全一致，说明同一居群内该序列非常保守。序列两端经过人工校对后，13 个居群的 trnH-psbA 序列长度为 619～632bp，长度差异为 13bp，GC 含量在 36% 左右（表 4-13），远低于 AT 含量。序列比对发现，在 13 个居群当中没有任何 2 个居群的序列完全一致，可见 trnH-psbA 序列能较好地反映不同地区天门冬的差别，是鉴别不同居群天门冬的良好分子标记。

表 4-13　不同居群天门冬 trnH-psbA 序列比较

编号	来源地	trnH-psbA	
		长度（bp）	GC 含量（%）
1	贵州余庆	620	36.0
2	广西南宁	621	36.1
3	广东广州	620	35.8
4	贵州兴义	621	36.1
5	湖南永州	619	36.2
6	贵州花溪	632	35.0
7	湖南新宁	621	36.1
8	贵州黔西	621	35.7
9	湖南衡山	621	35.9
10	贵州沿河	621	35.8
11	浙江杭州	620	36.0
12	贵州独山	620	36.0
13	青海西宁	621	35.6

4.5.3　不同居群天门冬 *trn*H-*psb*A 序列变异率

除了贵州花溪居群序列的缺失率为 0.32%，其他 12 个居群的 *trn*H-*psb*A 序列的缺失率都为 2.00%左右。而这 13 个居群 *trn*H-*psb*A 的变异率为 0.00%～2.52%，其中贵州余庆居群变异率最低，为 0.00%，贵州花溪变异率最高，为 2.52%，其他除贵州兴义和青海西宁外变异率都不超过 0.63%。当把空位缺失位点也作为变异位点时，这 13 个居群的总变异率为 2.21%～3.47%，其中贵州余庆居群的总变异率最低为 2.21%，贵州兴义居群总变异率最高为 3.47%，青海西宁居群总变异率次之为 3.00%（表 4-14）。

表 4-14　不同居群天门冬 *trn*H-*psb*A 序列变异率

编号	来源地	缺失率（%）	变异率（%）	总变异率（%）
1	贵州余庆	2.21	0.00	2.21
2	广西南宁	2.05	0.32	2.37
3	广东广州	2.21	0.16	2.37
4	贵州兴义	2.05	1.42	3.47
5	湖南永州	2.37	0.32	2.69
6	贵州花溪	0.32	2.52	2.84
7	湖南新宁	2.05	0.32	2.37
8	贵州黔西	2.05	0.32	2.37
9	湖南衡山	2.05	0.47	2.52
10	贵州沿河	2.05	0.32	2.37
11	浙江杭州	2.21	0.63	2.84
12	贵州独山	2.21	0.32	2.53
13	青海西宁	2.05	0.95	3.00

4.5.4　不同省（自治区）天门冬 *trn*H-*psb*A 序列信息位点

对比分析不同省（自治区）的天门冬序列发现，当空位作为缺失处理时，有 10 个信息位点（表 4-15），占总序列的比例为 1.58%。该序列的 8bp、9bp、120bp、457bp、458bp、486bp、487bp、491bp、492bp 和 593bp 等位点为信息位点；发生 A/C、C/G、A/T 碱基颠换的位点是第 8bp、第 492bp 和第 593bp 位点，颠换率为 0.47%；发生 A/G 碱基转换的位点是第 120bp、第 491bp 位点，转换率为 0.32%；发生 AG/GA 碱基倒位的位点是第 486～487bp 位点处，倒位率为 0.16%。

表 4-15　不同省（自治区）天门冬 *trn*H-*psb*A 序列信息位点

来源地	信息位点									
	8	9	120	457	458	486	487	491	492	593
贵州	C	A	A	A	—	A	G	G	C	A
广西	C	A	G	A	—	A	G	G	C	T
广东	A	—	A	A	—	A	G	G	C	A
湖南	C	A	G	A	—	A	G	G	C	T
浙江	C	A	G	—	—	A	G	G	C	T
青海	A	—	A	A	A	G	A	A	G	A

注：“—”表示碱基缺失

4.5.5　基于 *trn*H-*psb*A 序列的系统树

　　基于 *trn*H-*psb*A 序列，通过 DNAMAN 软件得到天门冬的遗传相似性（表 4-16）。由表 4-16 所示，不同居群天门冬的相似性在 97.7%～99.9%，表明 13 个居群的天门冬相似性很高。贵州兴义居群与其他 12 个居群的相似性最低，其范围为 97.7%～98.5%，相似性明显低于其他居群，其中兴义居群与青海西宁居群的相似性最低，为 97.7%，说明兴义居群与西宁居群的亲缘关系最远；相似性低的其次为青海西宁居群，其范围为 97.7%～99.4%；而贵州余庆居群与其他 12 个居群的相似性最高，其范围为 98.5%～99.8%，说明贵州余庆居群与它们（其他 12 个居群）的亲缘关系非常近。

表 4-16　不同居群天门冬序列相似性

	1	2	3	4	5	6	7	8	9	10	11	12	13
1	100.0%												
2	99.7%	100.0%											
3	99.8%	99.5%	100.0%										
4	98.5%	98.2%	98.4%	100.0%									
5	99.7%	99.9%	99.5%	98.2%	100.0%								
6	99.5%	99.2%	99.7%	98.2%	99.2%	100.0%							
7	99.7%	99.9%	99.5%	98.2%	99.9%	99.2%	100.0%						
8	99.8%	99.5%	99.9%	98.4%	99.5%	99.7%	99.5%	100.0%					
9	99.7%	99.4%	99.8%	98.2%	99.4%	99.5%	99.4%	99.8%	100.0%				
10	99.7%	99.4%	99.5%	98.4%	99.4%	99.2%	99.4%	99.5%	99.4%	100.0%			
11	99.4%	99.7%	99.2%	98.1%	99.7%	98.9%	99.7%	99.2%	99.0%	99.7%	100.0%		
12	99.7%	99.4%	99.8%	98.2%	99.4%	99.5%	99.4%	99.8%	99.9%	99.4%	99.0%	100.0%	
13	99.2%	98.9%	99.4%	97.7%	98.9%	99.0%	98.9%	99.4%	99.2%	98.9%	98.5%	99.2%	100.0%

注：1～13 居群编号与表 4-12 相同

基于 *trn*H-*psb*A 序列，运用非加权组平均法（UPGMA）构建不同居群天门冬系统树，发现 13 个居群的天门冬可以分为两个大支，其中余庆居群、广州居群、独山居群、西宁居群、黔西居群、衡山居群、永州居群和花溪居群为一个大支，其他 5 个居群为另一大支。在第一大支中余庆居群、广州居群和独山居群优先聚类，西宁居群、黔西居群和衡山居群优先聚类，花溪居群单独为一个小支；在第二大支中兴义居群和沿河宝塘居群优先聚类，南宁居群和新宁居群优先聚类，杭州居群单独为一个小支。其中广州居群和独山居群尽管纬度相差很大但却聚类很近（图 4-17）。

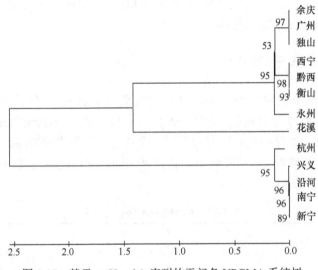

图 4-17 基于 *trn*H-*psb*A 序列的天门冬 UPGMA 系统树

4.6 天门冬属部分物种 *trn*H-*psb*A 序列分析

4.6.1 材料与方法

4.6.1.1 材料

天门冬属有 9 个种，原产于中国：1-天门冬、2-短梗天门冬、3-羊齿天门冬、4-新疆天门冬、5-文竹。原产于南非：6-非洲天门冬、7-狐尾天门冬、8-武竹（非洲天门冬变种）。原产于地中海沿岸：9-石刁柏。

4.6.1.2 方法

采取 CTAB 法进行 DNA 的提取。参考 Peterson 等（2004），*trn*H-*psb*A 引物为 5'-GTTATGCATGAACGTAATGCTC-3' 和 5'-CGCGCATGGTGGATTCA

CAATCC-3′。反应体系：10×PCR Buffer 5μL，浓度为 10mmol/L dNTP 1μL，浓度为 50mmol/L 引物各 1μL，DNA 40ng，*Taq* DNA 聚合酶 0.4μL，补充双蒸水至 50μL。反应程序：95℃预变性时间为 4min；94℃变性时间为 45s，56℃退火时间为 45s，72℃延伸时间为 45s，35 个循环；72℃后延伸时间为 10min。PCR 产物纯化用购自上海生工的 DNA 纯化试剂盒。连接与转化采用纯化的 PCR 产物与购买的 pMD18-T 质粒及连接酶构建重组质粒（16℃），将重组质粒转入感受态细胞[大肠杆菌（*Escherichia coil*）DH5α 菌株]。经过连接和转化过程后，用购自上海生工的试剂盒提取重组质粒，进行酶切鉴定后送往上海生工进行测序。采用软件 DNAMAN 和 MEGA 4.0 软件对序列进行分析，在序列分析中，所有的空位作缺失处理。

4.6.2　*trn*H-*psb*A 序列分析

测序得到 9 个物种 *trn*H-*psb*A 序列，并提交 GeneBank 得到登录号（表 4-17）。人工校对后发现，9 个材料的 *trn*H-*psb*A 序列长度为 625～638bp，GC 含量在 36% 左右（表 4-18）。对序列进行比对后发现，没有任何 2 个物种的序列完全一致，可见 *trn*H-*psb*A 序列能较好地反映不同物种种间的差别，是鉴别天门冬属物种的良好分子标记。

表 4-17　*trn*H-*psb*A 序列登录号

物种	登录号	物种	登录号
1 天门冬	HM990128	6 非洲天门冬	HM990125
2 短梗天门冬	HM990124	7 狐尾天门冬	HM990130
3 羊齿天门冬	HM990145	8 武竹	HM990140
4 新疆天门冬	HM990141	9 石刁柏	HM990136
5 文竹	HM990138		

表 4-18　天门冬属物种种间 *trn*H-*psb*A 序列比较

物种	长度（bp）	GC 含量（%）	缺失率（%）	碱基颠换或转换率（%）	总变异率（%）
天门冬	625	36.7	2.50	1.25	3.75
短梗天门冬	638	35.2	0.47	4.21	4.68
羊齿天门冬	638	35.8	0.47	2.96	3.43
新疆天门冬	626	35.8	2.34	1.25	3.59
文竹	637	35.9	2.34	1.25	3.59
非洲天门冬	625	36.1	2.50	0.03	2.53
狐尾天门冬	625	36.3	2.50	0.02	2.52
武竹	636	35.9	0.62	2.18	2.80
石刁柏	625	36.5	2.62	1.09	3.71

把空位当作缺失后发现，短梗天门冬和羊齿天门冬的缺失率是最低的，为 0.47%，石刁柏的缺失率最高，达到 2.62%；狐尾天门冬的碱基颠换或转换率最低，仅为 0.02%，其次为非洲天门冬，碱基颠换或转换率为 0.03%，短梗天门冬的碱基颠换或转换率最高，达到 4.21%；狐尾天门冬的总变异率最低，为 2.52%，非洲天门冬总变异率次之，为 2.53%，变异率最大的为短梗天门冬，为 4.68%（表 4-18）。

4.6.3 序列遗传距离及系统树构建

9 个物种的 *trn*H-*psb*A 序列间的遗传距离为 0.011～0.043，其中天门冬和石刁柏之间的遗传距离最近，为 0.011，短梗天门冬和天门冬之间的遗传距离最远为 0.043。原产于非洲的 3 个物种（武竹、非洲天门冬和狐尾天门冬）之间的遗传距离较近，为 0.014～0.017（表 4-19）。

表 4-19　天门冬属物种间的 *trn*H-*psb*A 序列间遗传距离

物种	1	2	3	4	5	6	7	8	9
1 天门冬	0								
2 短梗天门冬	0.043	0							
3 羊齿天门冬	0.028	0.028	0						
4 新疆天门冬	0.023	0.034	0.022	0					
5 文竹	0.027	0.033	0.017	0.016	0				
6 非洲天门冬	0.023	0.034	0.017	0.020	0.016	0			
7 狐尾天门冬	0.019	0.031	0.014	0.019	0.020	0.014	0		
8 武竹	0.029	0.035	0.014	0.022	0.017	0.017	0.016	0	
9 石刁柏	0.011	0.035	0.021	0.017	0.019	0.016	0.016	0.016	

基于 *trn*H-*psb*A 序列，分析运用 UPGMA 法构建的系统树发现，天门冬和石刁柏优先聚类，非洲天门冬和狐尾天门冬优先聚类后再与武竹聚类，新疆天门冬和文竹优先聚类，短梗天门冬在系统树的最外层（图 4-18）。

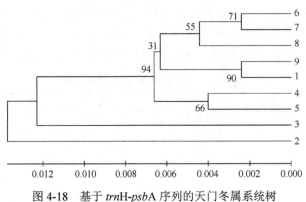

图 4-18　基于 *trn*H-*psb*A 序列的天门冬属系统树

编号名称见表 4-17

4.7 天门冬属 4 个物种的叶绿体 *trn*L-F 序列分析

叶绿体 *trn*L-F 的基因由于非编码区受外界选择压力小，进化速率相对来说比较快，已被广泛应用于药用植物种间的鉴别研究（Yang et al.，2001；Kojoma et al.，2002；葛燕芬等，2007；孟丽华等，2008）。

4.7.1 材料与方法

4.7.1.1 材料

天门冬（*A.cochinchinensis*）的凯里、兴义和沿河等 3 个居群与新疆天门冬、文竹和武竹。

4.7.1.2 方法

采取 CTAB 法进行 DNA 的提取。*trn*L-F 引物序列：5′-CGAAATCGGTAGACGCTACG-3′和 5′-ATTTGAACTGGTGACACGAG-3′。反应体系包括 10×PCR Buffer 5μL、浓度为 10mmol/L dNTP 1μL、浓度为 50mmol/L 引物各 1μL、DNA 40ng、*Taq* DNA 聚合酶 0.4μL，补充双蒸水至 50μL。反应程序：94℃预变性时间为 4 min；94℃变性时间为 45s，60℃退火时间为 45s，72℃延伸时间为 90s，35 个循环；72℃后延伸时间为 10min。PCR 产物纯化用购自上海生工的 DNA 纯化试剂盒。纯化产物鉴定后送往上海生工进行双向测序操作，重复该程序 3 次。所得序列采用 DNAMAN 和 MEGA 4.0 软件进行分析。

4.7.2 *trn*L-F 序列长度和 GC 含量分析

4 个物种的 *trn*L-F 序列全长为 970bp 左右，GC 含量较低，在 33.5% 左右（表 4-20）。通过序列比对之后发现，没有任何 2 个材料的序列可以达到完全一致，序列相似性最高可达 98.09%，可见 *trn*L-F 序列较保守，但同时存在一定的变异，这些变异能较好地反映不同天门冬属物种间的差异，可以作为鉴别天门冬属物种的良好分子标记。

表 4-20 4 个物种 *trn*L-F 序列比较

材料		长度（bp）	GC 含量（%）
	凯里天门冬居群	976	33.3
天门冬	兴义天门冬居群	975	33.6
	沿河天门冬居群	970	33.8
新疆天门冬		970	33.5
文竹		966	33.4
武竹		967	33.8

4.7.3 4 个物种变异位点分析

4 个物种的 *trn*L-F 序列存在 8 个插入或缺失变异，其中天门冬的兴义居群无缺失，文竹缺失数目最多，达到 7 个，其他材料缺失数目为 3 个或 5 个。碱基转换存在 C/G 和 A/T 两种形式，碱基颠换形式则相对来说较多，如 A-G、T-G、T-C 和 C-A 等。

4.7.4 基于 *trn*L-F 序列的种间遗传关系分析

运用非加权组平均法（UPGMA），分析 *trn*L-F 序列构建的系统树发现，4 个物种 6 个材料分为 2 大支，天门冬的 3 个居群优先聚类后与新疆天门冬聚类，文竹和武竹构成另 1 大支（图 4-19）。系统树的结果表明，新疆天门冬与天门冬亲缘相对较近，文竹和武竹亲缘相对较近。

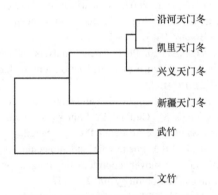

图 4-19 基于 *trn*L-F 序列的系统树

参 考 文 献

葛燕芬, 杭悦宇, 夏冰, 等. 2007. 5 种苍术属药用植物的 *trn*L-F 序列测定及种间遗传关系分析. 植物资源与环境学报, 16(2): 12-16.

孟丽华, 杨慧玲, 吴桂丽, 等. 2008. 基于叶绿体 DNA *trn*L-F 序列研究肋果沙棘的谱系地理学. 植物分类学报, 46(1): 32-40.

邵浩, 张丽, 吕会芳, 等. 2010. 用叶绿体 *trn*H-*psb*A 序列分析石杉科植物系统发育和植物条形码的初探. 中药材, 33(1): 18-19.

邵清松, 郭巧生, 张志远. 2009. 药用菊花种质资源遗传多样性的 ISSR 分析. 中草药, 40(12): 1971-1975.

王翀, 周天华, 杨雪, 等. 2008. ISSR-PCR 鉴别绞股蓝属 7 种植物. 中草药, 39(4): 588-591.

温文婷, 贾定洪, 郭勇, 等. 2010. 中国主栽银耳配对香灰菌的系统发育和遗传多样性. 中国农业科学, 43(3): 552-558.

Christopher H J, Kenneth J S, Harvey E B J. 2009. Evolutionary relationships, interisland biogeography, and molecular evolution in the Hawaiian violets (Viola: Violaceae). American Journal of Botany, 96(11): 2087-2099.

Kojoma M, Kurihara K, Yamada K, et al. 2002. Genetic identification of Cinnamon (*Cinnamomum* spp.) based on the *trn*L-*trn*F chloroplast DNA. Planta Medica, 68 (1): 94-96.

Kress W J, Wurdack K J, Zimmer E A, et al. 2005. Use of DNA barcodes to identify flowering plants. Proceedings of the National Academy of Sciences of the United States of America, 102(23): 8369-8374.

Lahaye R, van der Bank M, Bogarin D, et al. 2008. DNA barcoding the floras of biodiversity hotspots. Proceedings of the National Academy of Sciences of the United States of America, 105(8): 2923-2928.

Peterson J, John H, Koch E. 2004. A molecular phylogeny of the genus *Gagea* (Liliaceae) in Germany inferred from non-coding chloroplast and nuclear DNA sequences. Plant Systematics and Evolution, 245(3-4): 145-162.

Rogers O S, Bendich A J. 1988. Extraction of DNA plant tissue, plant molecular // Gelvin S B, Schilpe R A, Verna D S. Plant Molecular Biology Manual. Dordecht: Kluwer Academic Publishers: 1-10.

Shaw J, Lickey E B, Schilling E E, et al. 2007. Comparison of whole chloroplast genome sequences to choose noncoding regions for phylogenetic studies in angiosperms: the tortoise and the hare III. American Journal of Botany, 94(3): 275-288.

Vijaykumar A, Saini A, Jawali N. 2010. Phylogenetic analysis of subgenus *Vigna* species using nuclear ribosomal RNA ITS: evidence of hybridization among *Vigna unguiculata* subspecies. Journal of Heredity, 101(2): 177-188.

White T J, Bruns T, Lee S, et al. 1990. Amplification and direct sequencing of fungal ribosomal RNA genes for phylogenetics//Innes M, Gelfand D, Sninsky J, et al. PCR protocols: a guide to methods and applications. San Diego: Academic Press: 315-322.

Yan J, Deng J, Zhou C J, et al. 2010. Phenotypic and molecular characterization of *Madurella pseudomycetomatis* sp. nov., a novel opportunistic fungus possibly causing black-grain mycetoma. Journal of Clinical Microbiology, 48: 251-257.

Yang M H, Zhang D M, Liu J Q, et al. 2001. A molecular marker that is specific to medicinal rhubarb based on chloroplast *trn*L/*trn*F sequences. Planta Medica, 67(8): 784-786.

Ziet K E, Rafal S A, Labuda D. 1994. Genome fingerprinting by simple sequence repeat (SSR) anchored polymerase chain reaction amplification. Genomes, 20 (2): 176-183.

第5章 天门冬提取物抗衰老及抑菌研究

5.1 天门冬地上部分提取物抗衰老研究

衰老是生理活动和病理活动的综合结果。人体在衰老过程中越来越显示出氧化作用在增强，而抗氧化活性作用在降低。因为与外界的持续接触，人体内不断地产生自由基，但自由基产生过多而不能及时清除，就会攻击机体内的生命大分子物质及各种细胞器，造成机体在分子水平、细胞水平及组织器官水平的各种损伤，加速机体的衰老进程并诱发各种疾病。抗氧化剂是一种抑制其他分子发生氧化作用、防止衰老的物质，通过去除自由基中间体来终止氧化反应，并抑制其他氧化反应。虽然氧自由基的积累对生物体起一定的负作用，但天然抗氧化剂已被证实能有效地清除体内氧自由基，具有保护心脑血管系统的安全、抵抗癌症、延缓衰老的药理作用。

越来越多的植物成分及其提取物被证明对人类的健康有益，包括各种中药，如枸杞花、粗叶悬钩子和秋葵叶，是天然抗氧化剂的潜在资源。天门冬是百合科天门冬属植物，不仅有抑菌和抗癌作用（温晶媛等，1993；罗俊等，2000），也有抗氧化作用。然而，天门冬在抗氧化酶的表达作用及组织学、病理学上的变化仍不清楚。而大量 D-半乳糖给药可导致一系列与氧化应激相关的病理改变和生理学变化，因此 D-半乳糖诱导衰老小鼠模型成功用于筛选抗衰老药物。本研究中，以 D-半乳糖诱导衰老小鼠模型为基础，主要通过探讨天门冬水提液对小鼠一氧化氮合酶（NOS）、过氧化氢酶（CAT）和超氧化物歧化酶（SOD）活性的影响及一氧化氮（NO）和丙二醛（MDA）在小鼠器官中的含量变化，以及天门冬地上部分水提液对自由基清除作用的影响，旨在系统阐明天门冬地上部分提取物的抗氧化机制，为进一步应用天门冬地上部分提取物治疗病症等提供科学依据。

5.1.1 材料与方法

5.1.1.1 药剂制备

将天门冬地上部分用热空气烘干，粉碎成粗粉。取 20g，加蒸馏水 160mL 煮提 3 次，频率为 1h/次，合并 3 次提取液，抽滤后用旋转蒸发仪浓缩得天门冬水提液。天门冬地上部分提取物的提取严格按照《中国药典》（2015 版）的要求进行。

每项准备工作都由一名特定人员来操作完成、严格控制。此外，采用液相色谱法证明每个原材料的水提取物具有相似的主要成分。同时，从原材料中提取的提取物干燥后的物质约为原材料的 8%。接着把所得的药剂用蒸馏水稀释到生药浓度 0.7g/mL，冷藏备用。

5.1.1.2 体外自由基清除作用的测定

1,1-二苯基-2-三硝基苯肼（DPPH）已经有效地用于监测涉及自由基的化学反应，通常用于抗氧化分析。DPPH 自由基清除作用的测定：取样品溶液 2mL，加入 2mL 1.25×10^{-4}mol/L 的 DPPH 溶液，迅速混匀后，室温下避光静置 30min，在波长为 517nm 条件下测定溶液的吸光度，以无水乙醇代替样品作为空白对照，维生素 C 作为阳性对照，根据公式计算清除率：$D=[1-（A_i-A_j）/A_c]×100\%$，其中 A_i 为加入样品后的吸光，A_j 为样品本底吸光度，A_c 为空白吸光度。

2,2-联氮-二（3-乙基-苯并噻唑-6-磺酸）二铵盐（ABTS$^+$）自由基清除作用的测定：用浓度为 2.45mmol/L 的过硫酸钾配制浓度为 7mmol/L 的 ABTS 储备液，室温、避光条件下静置 12~16h，将 ABTS 储备液用浓度 10mmol/L pH 7.4 的磷酸缓冲液稀释制备 ABTS 测试液，使其在波长为 734nm 条件下的吸光度为 0.7±0.02，取 4mL ABTS 测试液，加入 40μL 样品溶液，振摇 30s，反应 6min 后，测定 734nm 波长处的吸光度，根据公式计算清除率：$D=（1-A_i/0.7）×100\%$，其中 A_i 为加入样品后 734nm 波长处的吸光度。

此外，羟基自由基（·OH）和超氧阴离子的测定用江苏省南京建成生物工程研究所研制的基于芬顿反应的试剂盒检测。芬顿反应是产生羟基自由基的最常见化学反应，同时产生一定比例的超氧阴离子。一般，当产生一个羟基自由基时试剂通常会变红，试剂颜色深度和羟基自由基数量之间有一个比例关系。波长为 510nm 处的吸光度使用微型读板器来检测。

5.1.1.3 体内抗衰老能力分析

80 只雄性昆明小鼠（2 个月大，体重 20g±2g，体格健壮、身体完整无损、大小均一）供实验室使用，购买于中南大学湘雅医学院并取得中南大学湘雅医学院的批准（许可证号：2008-0002）。饲养严格按照国家科学研究动物使用指南《实验动物管理条例》中的建议来开展，饲养条件为 20~24℃和 12h 明暗循环。小鼠 3 只/笼，小鼠可以随意获得标准颗粒食品和水。所有手术均在乙醚麻醉下快速进行，尽量减少动物的痛苦。

5.1.1.4 衰老和给药模型的构建

80 只健康昆明种雄性小鼠，随机分成 4 组：正常对照组、衰老模型组、维生素 C 对照组和天门冬地上部分提取物给药组，每组 20 只。正常对照组每天皮下注射生理盐水（100mg/kg 体重）；衰老模型组每天注射 D-半乳糖（100mg/kg 体重）；维生素 C 对照组每天注射 D-半乳糖（100mg/kg 体重），同时灌胃维生素 C；提取物给药组每天注射 D-半乳糖（100mg/kg 体重），同时灌胃天门冬水提液（200mg/kg体重）。正常对照组和衰老模型组同时灌胃等体积蒸馏水。各组分笼饲养，让小鼠自由进水，连续进行 30d。

5.1.1.5　血样采集和病理组织样品的制备

末次给药 24h 后，摘取小鼠眼球，弃第一滴血后用毛细吸管取血 20μL，迅速吹入肝素钠处理过的装有稀释液的 5mL 离心管中，稀释液由深圳锦瑞电子有限公司提供，全自动血细胞计数仪 KT6180（深圳市天才电子有限公司）测定红细胞（red blood cell，RBC）、血红蛋白（hemoglobin，HGB）、血小板（platelet，PLT）和白细胞（white blood cell，WBC）的数量。其余的血液存入肝素钠处理过的微量离心管（Bio-Rad，Hercules，CA）（肝素 2U/μL，取 5μL 湿润管壁），900r/min 离心10min，然后利用上清液测量其他指标。

断颈处死小鼠，迅速取出肝、肾、心脏和脑，肝切成 5mm 左右的组织块，脑沿正中矢状面切开，肾和心脏取整块，Bouin's 液固定这些组织 24h 后转入 70%乙醇中保存。这些组织按以下顺序进行：梯度乙醇脱水、二甲苯透明、石蜡包埋、RM2255 切片机（德国徕卡公司）切片（5～7μm）、常规 HE 染色、中性树胶封片，最后电子显微镜（美国赛默飞世尔科技公司）观察照相。所有的实验都是每组随机抽取 6 个样本。

5.1.1.6　NOS、SOD、CAT 活性及 NO、MDA 含量的测定

小鼠断颈处死后，打开腹腔，按顺序取肝、肾、心脏，打开颅腔取脑，各 0.30～0.60g，用预冷生理盐水制成浓度为 1%的匀浆（测 SOD、NOS、CAT 和蛋白质含量用）和浓度为 10%的匀浆（测 MDA、NO 用），1000r/min 离心 5min，取上清液测定各项指标。测定采用南京建成生物工程研究所的试剂盒进行。所有的实验都是每组随机抽取 6 个样本。

5.1.1.7　SOD、NOS 和 GPX 基因表达分析

用 RNA 提取试剂盒（长沙安比奥生物技术有限公司）分离组织中总 mRNA，然后使用第一链 cDNA 合成试剂盒（北京天根生化科技有限公司）合成 cDNA，进行聚合酶链反应扩增。用于本研究的引物如下。

SOD：5′-ACGAAGGGAGGTGGATGCTG-3′和 5′-ACGGTTGGAGGCGTTCT GCT-3′；NOS：5′-TTGGAGCGAGTTGTGGATTG-3′和 5′-TGAGGGCTTGGCTGA

GTGA-3′；GPX：5′- GCCTGGATGGGGAGAAGATA-3′和 5′-GCAAGGGAAGCCG
AGAACTA-3′；actin：5′-GAGACCTTCAACACCCCAGC-3′和 5′-ATGTCACGCA
CGATTTCCC-3′。

所有实验都是每组随机抽取 6 个样本。

5.1.1.8 数据处理

所有实验数据都用平均值±标准差来表示，使用 SPSS 18.0 软件（美国伊利
诺伊州芝加哥 SPSS 公司）进行统计分析。对方差进行单向分析，然后进行事后
多重分析比较天门冬提取物对动物血液成分，NOS、CAT、SOD 活性和 NO、MDA
含量的影响。$P<0.05$ 被认为是统计学上的显著差异。

5.1.2 天门冬地上部分提取物体外自由基清除作用

研究后发现，浓度为 2.0g/mL 的天门冬地上部分提取物对 DPPH·、
ABTS⁺·自由基的清除能力非常接近，对·OH 和超氧阴离子的清除能力却显著高
于体外维生素 C（表 5-1），这表明天门冬地上部分提取物具有较强的体外自由
基清除能力。

表 5-1　天门冬地上部分提取物体外自由基的清除作用

项目	DPPH·（%）	ABTS⁺·（%）	·OH（U/mL）	超氧阴离子（U/L）
维生素 C 对照组	43.52±2.18	35.36±2.14	24.31±1.25	76.39±2.30
提取物给药组	34.43±2.12	34.53±2.42	46.34±3.420**	80.11±6.65*

注：每组 6 只老鼠；重复测量 10 次；数据以平均值±标准差表示；采用 t 检验分析两组之间的差异；ABTS⁺=2,2-联氮-二（3-乙基-苯并噻唑-6-磺酸）二铵盐；DPPH=1,1-二苯基-2-三硝基苯肼；·OH=羟基自由基
　　*$P<0.05$；**$P<0.01$

5.1.3 血象分析天门冬地上部分提取物的抗衰老能力

白细胞是血液中参与机体免疫的主要成分。如表 5-2 所示，D-半乳糖处理
下，衰老模型组小鼠的白细胞数量相比对照组明显降低，这说明防御体系受到
抑制，衰老模型构建成功。给药组小鼠的白细胞数量明显高于衰老模型组，与
维生素 C 对照组小鼠的白细胞数量接近，这表明天门冬地上部分提取物提高了
血液的免疫能力。衰老模型组小鼠的红细胞数量和血红蛋白水平显著低于正常
对照组（$P<0.05$），但给药组小鼠的红细胞数量和血红蛋白水平增加到与正常
对照组和维生素 C 对照组比较接近的水平。同样地，衰老模型组的血小板数量
的增加因应用天门冬地上部分提取物而显著下降到与维生素 C 对照组一样的
水平（$P<0.05$）。

表 5-2　天门冬地上部分提取物对血象的影响

处理	白细胞（10^9/L）	红细胞（10^{12}/L）	血红蛋白（g/L）	血小板（10^9/L）
T1	8.13±0.47a	11.71±1.24a	169.12±11.89a	469.21±44.25c
T2	4.20±0.49c	6.52±0.61b	114.10±43.90b	615.14±85.33a
T3	5.11±0.53b	11.12±1.30a	155.21±6.60a	452.18±44.02b
T4	5.16±0.44b	10.23±0.81a	148.21±13.68a	478.45±48.43b

注：每组 6 只老鼠；所列数据为平均值±标准差；通过运用最小显著差异法（LSD）进行多重比较后，采用单因素方差分析（ANOVA）比较各组之间的差异；同列不同小写字母表示在不同组间同一指标有显著差异（$P<0.05$）

5.1.4　天门冬地上部分提取物对抗氧化系统酶活性的影响

与衰老模型组相比，天门冬地上部分提取物显著提高了给药组的 NOS、CAT 和 SOD 活性。如表 5-3 所示，衰老模型组的 SOD、NOS 和 CAT 活性相比正常对照组显著降低（$P<0.05$）。同时，给药组小鼠肾、肺、脑、肝、血清和心脏样品的 SOD、NOS、CAT 活性相比衰老模型组都保持在较高水平（$P<0.05$）。天门冬提取物和维生素 C 对 SOD、NOS 和 CAT 活性的影响是相似的，没有显著性差别（除了脑的 SOD 活性）。

表 5-3　天门冬地上部分提取物对 NOS、CAT 和 SOD 活性的影响

组织	处理	SOD（U/mg prot）	NOS（U/mg prot）	CAT（U/mg prot）
脑	正常对照组	98.31±4.44a	1.48±0.04a	32.34±0.98b
	衰老模型组	63.99±4.20b	1.35±0.06b	20.67±2.16c
	维生素 C 对照组	100.36±5.01b	1.59±0.05a	48.11±2.17a
	提取物给药组	90.41±5.93a	1.40±0.08a	38.54±2.57a
肝	正常对照组	55.65±2.81b	0.84±0.13b	54.61±3.32a
	衰老模型组	49.54±2.88c	0.74±0.12c	45.72±4.51b
	维生素 C 对照组	59.75±3.89a	1.24±0.31a	56.18±4.38a
	提取物给药组	54.22±3.97a	0.98±0.16a	50.67±3.87a
血清	正常对照组	86.42±9.29b	40.52±3.32b	0.31±0.08a
	衰老模型组	72.58±6.47c	33.76±4.51c	0.12±0.013b
	维生素 C 对照组	96.97±7.87a	47.55±3.69a	0.34±0.06a
	提取物给药组	84.78±7.56a	45.34±5.09a	0.26±0.02a
心脏	正常对照组	51.58±2.96a	0.51±0.06a	5.06±0.75a
	衰老模型组	33.96±2.19c	0.26±0.05b	1.53±0.38b
	维生素 C 对照组	42.87±1.89b	0.54±0.07a	5.01±0.54a
	提取物给药组	39.63±3.16b	0.40±0.07a	2.54±0.43a

续表

组织	处理	SOD（U/mg prot）	NOS（U/mg prot）	CAT（U/mg prot）
肾	正常对照组	56.24±4.57b	1.76±0.27a	14.30±1.34b
	衰老模型组	50.87±5.09c	1.51±0.14b	5.24±1.06c
	维生素C对照组	63.77±5.31a	1.68±0.15a	17.65±1.87a
	提取物给药组	55.61±3.98a	1.56±0.10a	12.70±1.52a
肺	正常对照组	60.87±5.98b	1.84±0.21b	16.38±1.87a
	衰老模型组	49.78±5.34c	1.54±0.16c	7.98±0.85b
	维生素C对照组	69.78±7.68a	2.11±0.27a	18.74±2.31a
	提取物给药组	72.36±8.54a	2.34±0.35a	17.65±2.57a

注：每组 6 只老鼠；数据表示为平均值±标准差；采用单因素方差分析（ANOVA）和多重比较（LSD）检验分析各组间的差异；同列不同小写字母表示在不同组间同一指标有显著性差异（$P<0.05$）；prot=蛋白质

5.1.5 天门冬地上部分提取物对 NO、MDA 含量的影响

与对照组相比，衰老模型组 NO 水平显著降低，MDA 水平显著升高（$P<0.05$）。与衰老模型组相比，天门冬地上部分提取物可以显著提升 NO 含量、降低 MDA 含量。与衰老模型组相比，提取物给药组脑、肝、血清、心脏和肾、肺中的 NO 含量显著较高（$P<0.05$）。同时，提取物给药组脑、肾、肺中 NO 含量显著高于对照组（$P<0.05$）。与衰老模型组相比，提取物给药组脑、肝、血清、肾、肺的 MDA 含量显著降低（$P<0.05$）。同时，提取物给药组脑、和肾的 MDA 含量显著低于对照组（$P<0.05$）。此外，数据显示提取物给药组在每个器官中 NO 的含量与维生素 C 对照组相似，提取物给药组在脑、血清和肾等器官中的 MDA 含量和维生素 C 对照组相似（表 5-4）。

表 5-4 天门冬地上部分提取物对小鼠 NO 和 MDA 含量的影响

组织	处理	NO（μmol/L）	MDA（U/mg prot）
脑	正常对照组	12.50±1.06b	1.43±0.09b
	衰老模型组	5.08±0.85c	2.59±0.25a
	维生素C对照组	26.36±1.89a	0.89±0.03c
	提取物给药组	20.35±0.98a	1.23±0.08c
肝	正常对照组	4.95±0.17b	1.12±0.27b
	衰老模型组	1.91±0.16c	1.55±0.14a
	维生素C对照组	5.57±0.36a	0.98±0.11c
	提取物给药组	4.23±0.02a	1.39±0.10b
血清	正常对照组	907.64±46.14b	24.96±3.80b
	衰老模型组	503.26±27.08c	29.64±4.46a
	维生素C对照组	987.89±51.27a	21.87±3.14c
	提取物给药组	879.62±31.54a	25.67±4.09c

续表

组织	处理	NO（μmol/L）	MDA（U/mg prot）
心脏	正常对照组	4.08±0.92a	0.39±0.07b
	衰老模型组	1.10±0.24c	2.53±0.35a
	维生素 C 对照组	3.77±0.44b	0.36±0.08b
	提取物给药组	3.23±0.34b	2.36±0.56a
肾	正常对照组	6.12±0.62b	2.24±0.39b
	衰老模型组	3.09±0.27c	4.90±0.51a
	维生素 C 对照组	12.66±1.45a	1.69±0.49c
	提取物给药组	9.56±1.24a	2.05±0.70c
肺	正常对照组	7.25±0.36b	2.78±0.31b
	衰老模型组	4.58±0.54c	5.17±0.63a
	维生素 C 对照组	11.28±1.10a	2.03±0.31c
	提取物给药组	10.36±0.98a	2.47±0.25b

注：每组 6 只老鼠；数据表示为平均值±标准差；采用单因素方差分析（ANOVA）和多重比较（LSD）检验分析各组间的差异；同列不同小写字母表示在不同组间同一指标有显著性差异（$P<0.05$）；prot=蛋白质

5.1.6　天门冬地上部分提取物对小鼠脏器显微结构的影响

观察 80 只雄性小鼠的肝、肾、肺、脑、心脏等组织，苏木精-伊红染色的结果如图 5-1 所示。

正常对照组肝细胞呈多边形，界限明显，结构清晰，胞质丰富，核大而圆，以中央静脉为中心呈辐射状整齐排列。衰老模型组肝细胞结构不明显，分界模糊，细胞肿胀，核质比显著减小，细胞排列紊乱，肝细胞索间隙变宽，中央静脉、肝细胞索及肝血窦间均有炎症细胞浸润。维生素 C 对照组肝细胞形态结构完整，胞质丰富，核质比与正常对照组基本一致，肝细胞排列基本整齐，小叶间未见明显炎症细胞浸润。给药组肝细胞结构正常，核质比与正常对照组基本一致，但肝细胞索排列仍有微小间隙，未见明显炎症细胞浸润（图 5-1）。

正常对照组肾小球数量丰富，呈近圆形或椭圆形，肾小球内皮细胞排列紧密，囊腔间隙适宜，近曲小管管径较小，管壁上皮细胞呈锥形或立方形，细胞核在基低侧，远曲小管管径较大，管壁上皮细胞呈立方形或低柱形，细胞核在中央。衰老模型组肾小球数量减少，外形扭曲，有不同程度的萎缩，囊腔明显扩大，肾小球囊壁纤维组织增生，有增厚现象，肾小管上皮细胞肿胀变大，管腔内偶见蛋白管型，及少量淋巴细胞和单核细胞浸润。维生素 C 对照组肾小球数量丰富，肾小囊毛细血管网饱满紧密，外形规整，囊腔适宜，肾小管排列紧密，细胞形态正常，结构界限清晰。给药组肾小球数量丰富，肾小囊毛细血管网部分紧缩，排列部分不平整，囊腔间隙不一致，肾小管排列紧密，细胞形态正常，结构界限清晰（图 5-1）。

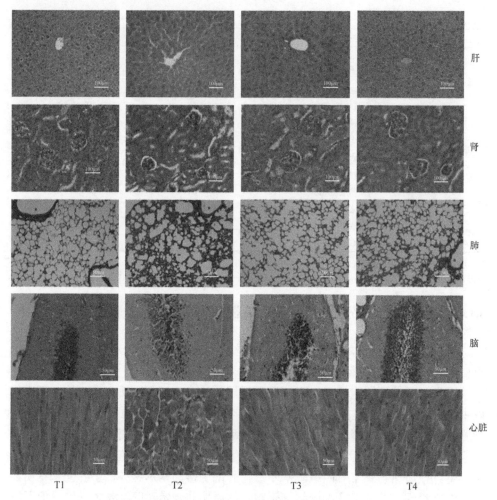

肝

肾

肺

脑

心脏

T1　　　　　　　T2　　　　　　　T3　　　　　　　T4

图 5-1　天门冬地上部分提取物对小鼠不同组织的病理切片（彩图请扫封底二维码）

每组 6 只老鼠；T1～T4 分别为正常对照组、衰老模型组、维生素 C 对照组和天门冬地上部分提取物给药组

比例尺：100μm（肝、肾），50μm（肺、脑、心脏）

正常对照组细支气管管壁平整，由单层方形上皮细胞构成。肺泡囊及肺泡排列整齐，结构完整，肺泡壁薄，主要由单层扁平上皮细胞构成，肺泡间可见部分方形分泌细胞。衰老模型组细支气管部分管壁增厚，有部分上皮细胞脱落，管腔内可见少量炎症细胞浸润。肺泡间隔明显增宽，肺泡壁纤维组织有增生现象，毛细血管明显扩张充血，部分肺泡囊及肺泡结构被破坏不完整。维生素 C 对照组细支气管管壁基本平整。肺泡囊及肺泡排列紧凑整齐，结构基本完整，肺泡壁薄，无明显充血现象。给药组细支气管管壁平整，管腔干净（图 5-1）。

正常对照组小鼠大脑海马 CA3 区神经元细胞数量丰富，排列整齐紧密，细胞体较大，胞质丰富，细胞核为类圆形，染成蓝色，周围无空泡，与胞质界限清晰。

神经胶质细胞散布于神经细胞之间，胞体较小，胞核近圆形，核仁清晰可见，胞质较少。衰老模型组大脑海马 CA3 区神经元细胞数量显著减少，神经胶质细胞数量明显增加，部分神经细胞核周围有明显空泡，核固缩或与胞质界限模糊不清，形状不定，染成深蓝色。维生素 C 对照组大脑海马 CA3 区神经元细胞数量较多，排列紧密，细胞核大而近圆形，与胞质紧密相连，有明显界限，神经胶质细胞较少，散布其中（图 5-1）。

正常对照组心肌纤维胞体伸展，呈长梭形，平行排列走向，集结成束，形态结构完整，细胞间界限清楚，排列紧密，层次分明，横纹和闰盘清晰可见。衰老模型组心肌纤维肿胀，结构模糊，扭曲缩短，间隔明显增宽，心肌间质毛细血管充血明显。维生素 C 对照组心肌纤维结构清晰，舒展平行排列，心肌纤维间无明显间隔和充血现象。给药组心肌纤维无明显肿大，结构清晰完整，横纹清晰可见，心肌纤维间无明显间隔，充血现象基本未见（图 5-1）。

以上结果表明，D-半乳糖造成了小鼠肝细胞形态改变、脑神经细胞形态和数量变化明显、肺泡囊及肺泡结构被破坏、肾小球和肾小管的滤过屏障也不同程度受损，而天门冬地上部分提取物可明显改善肝、心脏、肺、脑和肾的损伤，对各组织有一定的保护作用，且其保护作用不弱于维生素 C。

5.1.7　天门冬地上部分提取物的半定量分析

半定量分析表明，衰老模型组 NOS、SOD、GPX 的表达均明显低于对照组，给药组小鼠的 NOS、SOD 和 GPX 在血清中的表达明显高于衰老模型组，与维生素 C 对照组效果相似，同时 NOS 和 GPX 的表达高于正常对照组（图 5-2A）。给药组小鼠的 NOS、SOD 和 GPX 在肝中的表达明显高于衰老组，与正常对照组接近，稍低于维生素 C 对照组（图 5-2B）。给药组小鼠的 NOS、SOD 和 GPX 在肺中的表达明显高于衰老组，与正常对照组和维生素 C 对照组接近（图 5-2C）。

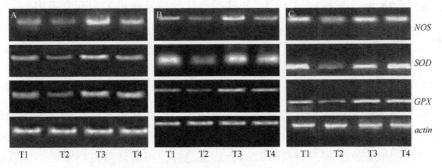

图 5-2　NOS、SOD 和 GPX 酶基因在小鼠三种不同组织中的表达

每组 6 只老鼠；T1～T4 分别为正常对照组、衰老模型组、维生素 C 对照组和天门冬地上部分提取物给药组；
A. 血清，B. 肝，C. 肺

5.2　天门冬块根提取物抗衰老研究

衰老是指身体和心理变化的多维过程，与大多数人类疾病密切相关（Dillin et al.，2014）。衰老与超氧化物歧化酶（SOD）之类的抗氧化酶活性的降低有关，因此减弱了清除氧自由基的能力（Harman，1955）。自由基清除剂是指能清除自由基或能阻断自由基参与氧化反应的物质。目前，外源性自由基清除剂，如丁基羟基甲苯、丁基羟基茴香醚和叔丁基对苯二酚已成功用于抗病开发（Suh et al.，2005）。然而，人工抗氧化剂的毒性会导致 DNA 损伤并增加患恶性肿瘤的风险（Asaduzzaman et al.，2010）。因此，人工抗氧化剂的安全性仍然是一个争论的话题（Fisch et al.，2003）。

天然抗氧化剂作为人工抗氧化剂的替代品越来越受到人们的关注。秋葵叶（Duan et al.，2012）和粗叶悬钩子（Zheng et al.，2011）是传统中药，被认为是天然抗氧化剂的潜在资源。天门冬是一种重要的药用植物，具有抗菌、抗炎、抗癌和抗氧化作用（Luo et al.，2000；Lee et al.，2009；Fang et al.，2012；Le and Anh，2013），其提取物甲醇对脑梗死模型动物大脑有神经保护作用（Jalsrai et al.，2016）。我们最近的研究也证明了天门冬的地上部分提取物对 D-半乳糖诱导的衰老小鼠有抗氧化作用（Lei et al.，2016）。然而，天门冬块根的抗氧化作用尚不清楚。

已有研究表明，使用 D-半乳糖可以构建衰老模型（Cui et al.，2006）。本研究建立了 D-半乳糖诱导衰老小鼠模型，然后采用天门冬块根水提物或维生素 C 处理衰老小鼠，检测了血细胞数量及超氧化物歧化酶（SOD）、过氧化氢酶（CAT）和一氧化氮合酶（NOS）的活性，测定了丙二醛（MDA）和一氧化氮（NO）的含量，做了组织病理学检查，测定了血清、肝和脑组织中 SOD、谷胱甘肽过氧化物酶（GPX）和 NOS 的表达水平。此外，我们还研究了天门冬块根提取物对自由基清除能力的影响，旨在探讨天门冬块根提取物的抗氧化机制和开发应用。

5.2.1　材料与方法

5.2.1.1　药剂制备

从贵州省黔西南布依族苗族自治州采集了天门冬标本。采用热风干燥法对天门冬块根进行干燥处理。磨碎后，将 20g 粉末状块根溶于蒸馏水（160mL）中，然后煮沸提取三次。将三种提取物组合、过滤并使用旋转蒸发器浓缩，以获得符合《中国药典》（2015 版）要求的天门冬块根提取物。将天门冬块根提取物溶解于蒸馏水中，制成浓度为 0.7g/mL 的储备溶液，冷冻直至使用。

5.2.1.2 体外自由基清除活性的测定

1,1-二苯基-2-三硝基苯肼（DPPH）自由基已广泛应用于抗氧化测定。2mL 浓度为 0.7g/mL 的块根提取物溶液与 2mL 浓度为 1.25×10^{-4} mol/L DPPH 反应或 30μL 浓度为 0.7 g/mL 块根提取物溶液与 3mL 浓度为 7mol/L $ABTS^+$ 的在室温暗环境下反应，分别在波长为 517nm 和 734nm 处检测吸光度。阴性对照和阳性对照分别为乙醇（溶剂）和维生素 C。此外，用商用试剂盒（中国南京建成生物工程研究所）测定超氧化物阴离子和羟基自由基（·OH）的含量。吸收度使用微型板阅读器（Thermo）检测。

5.2.1.3 动物模型与药物治疗

80 只体重（20±2）g、年龄 2 个月的健康昆明种（KM）雄性小鼠由中南大学湘雅医学院提供。在将动物用于以下试验之前，已获得中南大学湘雅医学院动物实验中心动物伦理委员会的批准。小鼠被随机等量分为 4 组：阴性对照组、衰老模型组、维生素 C 阳性对照组和提取物给药组。阴性对照组小鼠每日皮下注射生理盐水（100mg/kg 体重）。衰老模型组、维生素 C 阳性对照组和提取物给药组小鼠每日皮下注射（500mg/kg 体重）D-半乳糖；同时，维生素 C 阳性对照组和提取物给药组小鼠连续 30d 分别每日给予维生素 C、块根提取物（200mg/kg 体重）灌胃。

5.2.1.4 血样采集和病理组织样品的制备

末次给药 24h 后，摘取小鼠眼球，弃第一滴血后用毛细吸管取血 20μL，迅速吹入肝素钠处理过的装有稀释液的 5mL 离心管中，稀释液经全自动血细胞快速计数仪 KT6180（深圳市锦瑞电子有限公司）测定红细胞（red blood cell，RBC）、血红蛋白（hemoglobin，Hb）、血小板（platelet，PLT）和白细胞（white blood cell，WBC）的数量。其余血置于有肝素钠的 eppendorf 管（肝素 2U/μL，取 5μL 湿润管壁）中，3000r/min 离心 10min，取上清液用于以下试验。断颈处死小鼠后，迅速分离出它们的大脑、心脏、肾和肝。各组织在 Bouin's 溶液中预固定 24h 后转入浓度为 70%乙醇中保存，然后进行梯度乙醇脱水、石蜡包埋、切片（5～7μm）和常规 HE 染色。最后，用显微镜（厦门 Motic 集团有限公司）对这些切片进行观察。

5.2.1.5 NOS、SOD 和 CAT 活性及 NO 与 MDA 含量的测定

断颈处死小鼠后，打开腹腔，按顺序取肝、肾、心脏，打开颅腔取脑，各 0.30～0.60g，用预冷生理盐水制成浓度为 1%的匀浆（测 SOD、NOS、CAT 和蛋白质含

量用）和浓度为 10% 的匀浆（测 MDA、NO 用），1000r/min 离心 5min，取上清液测定各项指标。采用南京建成生物工程研究所的试剂盒进行测定。

5.2.1.6 半定量逆转录聚合酶链反应（RT-PCR）

使用 RNA 提取试剂盒（长沙安比奥生物技术有限公司）提取小鼠血清总 RNA，然后使用第一链 cDNA 合成试剂盒（北京天根生化科技有限公司）合成 cDNA。本研究中使用的引物如表 5-5 所示。50μL 体系中，含有 10×PCR 缓冲液 5.0μL、10pmol 正向和反向引物、10μmol/L dNTPs 0.3μL、0.5μL *Taq* 酶（发酵剂，美国）、2μL cDNA 和 60ng 的模板。在以下条件下进行 PCR 反应：在 94℃ 条件下变性反应 5min 后，在 94℃ 条件下发生 35 次循环持续 60s，在 56℃ 或 67℃ 条件下循环 50s、72℃ 条件下循环 50s、72℃ 条件下再循环 10min。在反应到达平台之前终止 PCR 反应，用凝胶电泳检测扩增子。

表 5-5 特定基因的引物序列

基因	引物序列
SOD	正向：5'- ACGAAGGGAGGTGGATGCTG-3'
	反向：5'- ACGGTTGGAGGCGTTCTGCT-3'
NOS	正向：5'- TTGGAGCGAGTTGTGGATTG-3'
	反向：5'- TGAGGGCTTGGCTGAGTGA-3'
GPX	正向：5'- GCCTGGATGGGGAGAAGATA-3'
	反向：5'- GCAAGGGAAGCCGAGAACTA-3'
β-actin	正向：5'- GAGACCTTCAACACCCCAGC -3'
	反向：5'- ATGTCACGCACGATTTCCC -3'

5.2.1.7 数据处理

将所得值使用 SPSS 18.0 软件进行统计评估。所有数据均以平均值±标准差表示。采用 t 检验比较两组在体外分析中的差异。采用单因素方差分析比较四组在体内分析的差异。在所有试验中，$P<0.05$ 被认为差异是显著的。

5.2.2 天门冬块根提取物体外自由基清除作用

天门冬块根提取物体外清除自由基研究表明，与维生素 C 阳性对照组相比，浓度为 0.7g/mL 的天门冬块根提取物对 DPPH· 和 ABTS+ 有相似的清除能力，但对·OH 和超氧阴离子的清除能力却显著高于维生素 C 阳性对照组（图 5-3），这表明其具有较强的体外自由基清除能力。

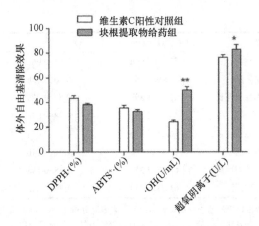

图 5-3　天门冬块根提取物体外自由基清除效果

*$P<0.05$；**$P<0.01$

5.2.3　天门冬块根提取物体内抗衰老能力分析

如表 5-6 所示，衰老模型组血清、肾、心脏、脑、肝标本的 SOD、NOS、CAT 活性显著低于阴性对照组（$P<0.05$），提取物给药组 SOD、NOS、CAT 活性较衰老模型组显著升高（$P<0.05$），提取物给药组和维生素 C 阴性对照组的 NOS、CAT 和 SOD 活性无显著差异。这些结果表明，天门冬块根提取物对抗氧化系统的酶活性的影响与维生素 C 相似。此外，与阴性对照组相比，衰老模型组小鼠脑组织中的 NO 含量显著降低，MDA 含量却显著升高（$P<0.05$），而天门冬块根提取物给药组显著增加衰老小鼠脑、血清、肾组织中的 NO 含量，降低其 MDA 含量（表 5-7）。同时，天门冬块根提取物治疗组和维生素 C 阳性对照组的 NO 和 MDA 含量相似（表 5-7）。

表 5-6　天门冬块根提取物对 SOD、NOS 和 CAT 活性的影响

组织	处理	SOD（U/mg prot）	NOS（U/mg prot）	CAT（U/mg prot）
脑	阴性对照组	98.31±4.44a	1.48±0.04a	32.34±0.98b
	衰老模型组	63.99±4.20b	1.35±0.06b	20.67±2.16c
	维生素 C 阳性对照组	100.36±5.01a	1.59±0.05a	48.11±2.17a
	提取物给药组	95.58±4.05a	1.61±0.06a	46.85±1.81a
肝	阴性对照组	55.65±2.81b	0.84±0.13b	54.61±3.32a
	衰老模型组	49.54±2.88c	0.74±0.12c	45.72±4.51b
	维生素 C 阳性对照组	59.75±3.89a	1.24±0.31a	56.18±4.38a
	提取物给药组	60.98±4.09a	1.12±0.29a	55.16±5.09a
血清	阴性对照组	86.42±9.29b	40.52±3.32b	0.31±0.08a
	衰老模型组	72.58±6.47c	33.76±4.51c	0.12±0.013b
	维生素 C 阳性对照组	96.97±7.87a	47.55±3.69a	0.34±0.06a
	提取物给药组	98.65±8.00a	47.21±3.24a	0.35±0.057a

续表

组织	处理	SOD（U/mg prot）	NOS（U/mg prot）	CAT（U/mg prot）
心脏	阴性对照组	51.58±2.96a	0.51±0.06a	5.06±0.75a
	衰老模型组	33.96±2.19c	0.26±0.05b	1.53±0.38b
	维生素C阳性对照组	42.87±1.89b	0.54±0.07a	5.01±0.54a
	提取物给药组	44.75±2.45b	0.48±0.09a	4.91±0.45a
肾	阴性对照组	56.24±4.57b	1.76±0.27a	14.30±1.34b
	衰老模型组	50.87±5.09c	1.51±0.14b	5.24±1.06c
	维生素C阳性对照组	63.77±5.31a	1.68±0.15a	17.65±1.87a
	提取物给药组	61.33±6.47a	1.79±0.20a	18.73±1.61a

注：每组6只老鼠；数据以平均值±标准差表示；单因素方差分析（ANOVA）用于分析组间差异；不同小写字母表示超氧化物歧化酶、一氧化氮合酶、过氧化氢酶有显著性差异；prot=蛋白质

表5-7 天门冬块根提取物对小鼠NO和MDA含量的影响

组织	处理	NO（μmol/L）	MDA（U/mg prot）
脑	阴性对照组	12.50±1.06b	1.43±0.089b
	衰老模型组	5.08±0.850c	2.59±0.25a
	维生素C阳性对照组	26.36±1.89a	0.89±0.034c
	提取物给药组	24.34±1.83a	1.05±0.028c
肝	阴性对照组	4.95±0.17b	1.12±0.27b
	衰老模型组	1.91±0.16c	1.55±0.14a
	维生素C阳性对照组	5.57±0.36a	0.98±0.11c
	提取物给药组	5.64±0.31a	1.10±0.20b
血清	阴性对照组	907.64±46.14b	24.96±3.80b
	衰老模型组	503.26±27.08c	29.64±4.46a
	维生素C阳性对照组	987.89±51.27a	21.87±3.14c
	提取物给药组	965.52±41.44a	22.97±2.81c
心脏	阴性对照组	4.08±0.92a	0.39±0.078b
	衰老模型组	1.10±0.24c	2.53±0.35a
	维生素C阳性对照组	3.77±0.44b	0.36±0.08b
	提取物给药组	3.61±0.38b	0.45±0.08b
肾	阴性对照组	6.12±0.62b	2.24±0.39b
	衰老模型组	3.09±0.27c	4.90±0.51a
	维生素C阳性对照组	12.66±1.45a	1.69±0.49c
	提取物给药组	13.21±1.67a	1.73±0.45c

注：每组6只老鼠；数据以平均值±标准差表示；单因素方差分析（ANOVA）用于分析组间差异；不同小写字母表示NO、MDA有显著性差异；prot=蛋白质

白细胞是血液中参与机体免疫的主要成分。D-半乳糖处理下，小鼠的白细胞

数量显著降低，这说明防御体系减弱。提取物给药组小鼠的白细胞数量明显高于衰老模型组，与维生素 C 阳性对照组接近，这表明天门冬地下部分水提液提高了血液的免疫能力；此外，提取物给药组的红细胞数量和血红蛋白水平与阴性对照组和维生素 C 阳性对照组接近，血小板总数与维生素 C 阳性对照组接近（表 5-8）。

表 5-8 天门冬块根提取物对血象的影响

处理	白细胞（10^9/L）	红细胞（10^{12}/L）	血红蛋白（g/L）	血小板（10^9/L）
阴性对照组	8.13±3.47a	11.71±1.24a	169.12±11.89a	469.21±94.25c
衰老模型组	4.20±1.89c	6.52±1.61b	114.10±43.90b	615.14±185.33a
维生素 C 阳性对照组	5.11±1.23b	11.12±1.30a	155.21±6.60a	452.18±204.02b
提取物给药组	5.32±1.04b	10.76±0.81a	156.17±15.54a	514.38±128.64b

注：每组 6 只老鼠；所列数据为平均值±标准差；通过运用最小显著差异法（LSD）进行多重比较后，采用单因素方差分析（ANOVA）比较各组之间的差异；同列不同小写字母表示在不同组间同一指标有显著差异（$P<0.05$）

5.2.4 天门冬块根提取物对小鼠内脏显微结构的影响

HE 染色的组织结果如图 5-4 所示。阴性对照组心肌纤维呈梭形平行排列，细胞间界限清晰，排列紧密，可见条带清晰，闰盘明显，肾、心脏、脑、肺、肝组织分级明显。而衰老模型组心肌纤维丰满，毛细血管通畅，间隔增宽。观察到天门冬块根提取物治疗后的小鼠脏器明显改善。此外，提取物对肝、脑、肾均有保护作用。

正常对照组的肝细胞索完整，肝细胞排列紧密有序，结构清晰，核大而圆，肝血窦清晰；衰老模型组肝细胞索增宽，肝细胞排列紊乱，少量肝细胞胞质深染，有溶解现象，中央静脉有少数炎症细胞浸润；提取物给药组肝细胞排列基本有序，胞质染色均匀，肝血窦清晰；维生素 C 阳性对照组肝细胞排列基本有序，但肝细胞索仍微微增宽（图 5-4A）。

正常对照组肾小球分布密集，肾小管上皮细胞排列整齐；衰老模型组部分肾小球体积增大，肾小球内细胞明显增多，肾小管萎缩变小或扩张，扩张肾小管可见上皮细胞脱落；提取物给药组和维生素 C 阳性对照组肾小球体积趋于正常，肾小管管腔清晰可见，细胞形状规则（图 5-4B）。

阴性对照组小鼠大脑皮层神经细胞丰富，形态正常，轮廓清晰；衰老模型组小鼠神经细胞数量减少，胞体变小变圆，核固缩，胶质细胞增生，肿胀，染色不均匀，排列紊乱，层次不清；提取物给药组和维生素 C 阳性对照组神经细胞比衰老模型组明显增多，形态基本正常，结构层次也更为清楚，但胞体周围仍有少量间隙（图 5-4C）。

各组间心肌纤维排列紧密整齐，结构完整，层次分明，无明显差异（图 5-4D）。

以上结果表明，D-半乳糖造成了小鼠肝细胞形态改变、脑神经细胞形态和数量变化明显，肾小球和肾小管的滤过屏障也不同程度受损，而天门冬块根提取物可明显改善肝、脑和肾的损伤，具有一定的保护作用，且其保护作用不弱于维生素 C。

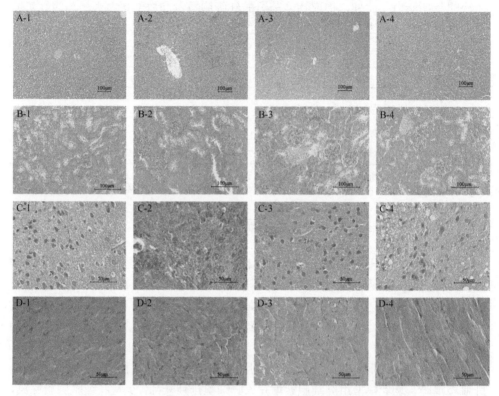

图 5-4　天门冬块根提取物对 D-半乳糖诱导的衰老小鼠不同组织的病理切片（彩图请扫封底二维码）
苏木精-伊红染色。A. 肝；B. 肾；C. 脑；D. 心脏。
1. 阴性对照组；2. 衰老模型组；3. 维生素 C 阳性对照组；4. 提取物给药组。
比例尺：100μm（肝、肾），50μm（脑、心脏）

5.2.5　与抗衰老相关的转录基因表达水平

如图 5-5 所示，与阴性对照组相比，衰老模型组的 NOS、SOD 和 GPX 表达水平明显降低。然而，与衰老模型组相比，天门冬块根提取物和维生素 C 治疗后小鼠血清中的 NOS、SOD 和 GPX 表达水平升高。与阴性对照组相比，块根提取物给药组小鼠的 NOS 和 GPX 基因表达水平升高，而且块根提取物给药组小鼠肝中的 NOS、SOD、GPX 基因表达水平与阴性对照组相近。另外，阴性对照组、维生素 C 阳性对照组和块根提取物给药组小鼠肾中 NOS、SOD 和 GPX 基因表达水平相近。

半定量分析表明，提取物给药组小鼠的 NOS、SOD 和 GPX 在血清中的表达明显高于衰老模型组，与维生素 C 阳性对照组接近，同时 NOS 和 GPX 的表达高于阴性对照组（图 5-5A）；提取物给药组小鼠的 NOS、SOD 和 GPX 在肝中的表达明显高于衰老模型组，与阴性对照组接近，却稍低于维生素 C 阳性对照组（图 5-5B）；提取物给药组小鼠的 NOS、SOD 和 GPX 在肾中的表达明显高于衰老模型组，与阴性对照组和维生素 C 阳性对照组接近（图 5-5C）。

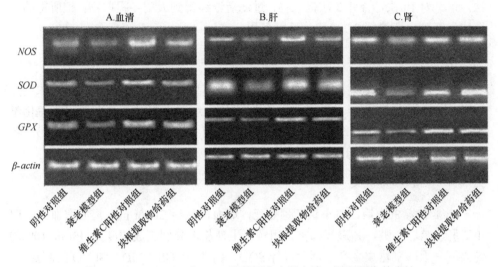

图 5-5　NOS、SOD 和 GPX 酶基因在小鼠血清、肝和肾中的表达

5.3　不同产地天门冬块根提取物抗衰老能力比较

我国研究并应用中药材的历史悠久，且不同产地的同种药材，其活性成分的种类及含量均有所不同，导致其药效有所差异，中药材具有典型的道地性。对道地药材的判断方法有很多，如高效液相色谱法、光谱法和分子标记法等，但少见从药理学角度进行中药材的道地性分析。天门冬为天门冬属植物，在我国分布较为广泛，是传统的中药材，具有较强的抗氧化能力，有几千年的使用历史。但是对天门冬药材的道地性探讨相对来说比较少，仅见通过 ITS 序列初步认为贵州产天门冬遗传多样性较高，可能是其道地产区的原因。本研究从药理学角度对不同产地天门冬块根进行抗氧化能力的比较（欧立军，2013a）。

5.3.1　材料与方法

5.3.1.1　材料

我国贵州、湖南、广东、广西、云南、青海和浙江等 7 个省（自治区）产天门冬。健康昆明种雄性小鼠，2 月龄，体重（20±2）g，分为空白对照组、衰老模型组和给药组三组，每组数量为 10 只。

5.3.1.2 药剂制备

天门冬被低温烘干后，粉碎成粗粉。取天门冬粗粉 20g，加水 160mL 煮提 3 次，频率为 1h/次，合并 3 次提取物，过滤后浓缩得到天门冬提取物；把所得的提取物稀释到生药浓度 0.7g/mL，冷藏备用。

5.3.1.3 衰老和给药模型的构建

空白对照组每天皮下注射生理盐水；衰老模型组每天注射 D-半乳糖（浓度为 7mg/mL，经 130℃ 灭菌，100mg/kg 体重）；给药组每天注射 D-半乳糖（上海化学试剂总厂二厂，100mg/kg 体重），同时灌胃天门冬块根提取物（2g/kg 体重）。各组进行分笼饲养，让小鼠自由进水。

5.3.1.4 生理指标测定

连续给药 30d 后，将小鼠断颈处死，取血，然后 3000r/min 离心取血清；取小鼠肝、脑、心脏、肺进行称重，用预冷生理盐水分别制成浓度为 1% 和 10% 的匀浆。采用南京建成生产试剂盒进行 SOD、CAT、NOS、MDA 和 NO 的测定。

5.3.1.5 统计学处理

数据以平均值±标准差表示，应用 SPSS 13.0 进行分析。各组之间差异采用单因素方差分析进行比较。

5.3.2 不同产地天门冬块根提取物对小鼠脑 NOS、CAT、SOD 活性与 NO 和 MDA 含量的影响

与衰老模型组相比，天门冬块根提取物提高了小鼠脑的 SOD、NOS 和 CAT 活性，使小鼠脑的 NO 含量上升、MDA 含量降低。不同产地天门冬块根提取物对小鼠脑抗氧化效果存在明显差异，贵州和湖南产天门冬提高抗氧化系统酶活性的能力显著高于其他产地天门冬提高抗氧化系统酶活性的能力，且升高 NO 含量和降低 MDA 含量的能力同样与其他地区天门冬的能力存在显著差异（$P<0.05$）（表 5-9）。

表 5-9 不同产地天门冬块根提取物对小鼠脑 NOS、CAT、SOD 活性与 NO、MDA 含量的影响

处理	SOD （U/ mg prot）	NOS （U/mg prot）	CAT （U/mg prot）	MDA （U/mg prot）	NO （μmol/L）
空白对照组	98.31±4.44a	1.48±0.035b	32.34±0.98c	1.43±0.089b	12.50±1.06d
衰老模型组	63.99±4.20d	1.35±0.057c	20.67±2.16d	2.59±0.255a	5.08±0.85e

续表

处理		SOD （U/ mg prot）	NOS （U/mg prot）	CAT （U/mg prot）	MDA （U/mg prot）	NO （μmol/L）
给药组	贵州产	93.47±4.05a	1.63±0.055a	47.80±1.81a	1.09±0.028e	22.02±1.83a
	湖南产	92.25±3.64a	1.59±0.029a	48.47±2.48 a	1.15±0.047 e	21.37±1.36a
	广东产	74.31±3.47c	1.41±0.064b	38.36±2.14 c	1.39±0.058 b	16.02±1.78c
	广西产	76.67±5.14c	1.39±0.034b	36.24±3.25c	1.41±0.097 b	15.39±2.13c
	云南产	85.21±3.98b	1.48±0.067b	40.47±2.40c	1.34±0.055c	18.44±1.50b
	青海产	79.68±2.47c	1.42±0.040b	42.80±3.03b	1.29±0.074d	19.21±2.14b
	浙江产	86.34±3.19b	1.44±0.064b	34.56±1.68c	1.37±0.06b	17.57±1.39c

注：同列不同小写字母表示差异显著（$P<0.05$）；prot=蛋白质

5.3.3 不同产地天门冬块根提取物对小鼠肝 NOS、CAT、SOD 活性与 NO 和 MDA 含量的影响

　　7 个提取物给药组小鼠肝的 SOD、NOS 和 CAT 活性及 NO 含量都比衰老模型组的 SOD、NOS 和 CAT 活性及 NO 含量高，MDA 含量比衰老模型组 MDA 含量低，SOD 活性和 NO 含量比空白对照组 SOD 活性和 NO 含量低；不同产地天门冬的抗氧化效果存在差异，贵州产和湖南产天门冬效果最好，云南产和青海产天门冬效果次之，其他产地效果一般（表 5-10）。

表 5-10　不同产地天门冬块根提取物对小鼠肝 SOD、NOS、CAT 活性与 NO、MDA 含量的影响

处理		SOD （U/mg prot）	NOS （U/mg prot）	CAT （U/mg prot）	MDA （U/mg prot）	NO （μmol/L）
空白对照组		55.65±2. 81a	0.84±0. 130c	54.61±3. 32b	1.32±0. 273b	4.95±0. 017a
衰老模型组		49.54±2. 88b	0.74±0. 117d	45.72±4. 5d	1.75±0. 136a	1.91±0. 016d
给药组	贵州产	51.87±3. 01b	1.11±0. 223a	57.28±3. 14a	1.14±0. 124d	3.75±0. 045b
	湖南产	52.36±2.75b	1.08±0.194a	58.01±2.24a	1.18±0.038d	3.98±0.032b
	广东产	50.35±3.55b	0.79±0.114c	54.10±1.87b	1.34±0.047b	3.01±0.018c
	广西产	50.24±2.67 b	0.82±0.132c	53.26±3.02c	1.30±0.087b	2.89±0.023c
	云南产	50.87±4.38b	0.87±0.123b	55.14±2.22b	1.28±0.074c	3.31±0.050c
	青海产	51.47±1.80b	0.90±0.114b	54.87±2.57b	1.33±0.057b	3.43±0.042c
	浙江产	50.89±2.49b	0.82±0.134c	52.14±1.45c	1.39±0.077b	3.12±0.032c

注：同列不同小写字母表示差异性显著（$P<0.05$）；prot=蛋白质

5.3.4 不同产地天门冬块根提取物对小鼠血清 NOS、CAT、SOD 活性与 NO 和 MDA 含量的影响

　　7 个提取物给药组小鼠血清的 SOD、NOS 和 CAT 活性，NO 和 MDA 含量与

衰老模型组存在显著差异；贵州产和湖南产天门冬的抗氧化效果显著优于其他产地的抗氧化效果（$P<0.05$）（表5-11）。

表5-11　不同产地天门冬块根提取物对小鼠血清SOD、NOS、CAT活性与NO、MDA含量影响

处理		SOD （U/mg prot）	NOS （U/mg prot）	CAT （U/mg prot）	MDA （U/mg prot）	NO （μmol/L）
空白对照组		96.42±9.29b	46.52±3.32d	0.61±0.083c	24.96±3.80b	987.64±46.14a
衰老模型组		72.58±6.47c	43.76±4.51e	0.072±0.0132d	29.64±4.46a	503.26±27.08d
给药组	贵州产	102.65±8.13a	57.21±3.43a	0.85±0.054a	22.67±2.21b	985.52±32.12a
	湖南产	99.10±7.58a	59.54±3.19a	0.74±0.020b	21.35±1.32c	978.36±35.03a
	广东产	95.36±8.74b	49.36±4.14c	0.58±0.08c	23.44±1.94b	805.36±40.24c
	广西产	96.31±9.27b	50.17±2.32c	0.54±0.022c	23.78±1.87b	824.31±30.02c
	云南产	97.87±8.30b	55.39±3.23b	0.64±0.052c	22.98±2.07b	905.21±25.05b
	青海产	95.87±7.81b	54.18±4.14b	0.65±0.052c	23.07±2.57b	918.39±30.04b
	浙江产	94.25±7.49b	51.02±3.34c	0.58±0.041c	23.57±3.07b	836.25±40.02c

注：同列不同小写字母表示差异性显著（$P<0.05$）；prot=蛋白质

5.4　天门冬块根不同提取液抗衰老能力比较

衰老是生命的必然过程，是生理、病理综合作用的结果。英国人 Harman 于 1956 年提出了自由基学说。该学说认为，自由基攻击生命大分子，造成组织细胞损伤，是引起机体衰老的根本原因，也是诱发肿瘤等恶性疾病的重要起因。自从发现疾病与衰老是自由基作用的结果后，由此开阔了抗氧化剂的研究空间。近年来抗氧化剂的开发取得了很大的突破，抗氧化剂已从作为油脂和含脂食品的抗氧化剂，发展到作为体内自由基的清除剂，起到保护细胞组织和心脑血管系统、抗癌及延缓衰老等作用。目前，为了朝着无毒或低毒、高效的方向发展，抗氧化剂主要是从药用植物中提取。近年来的研究表明，我国的中草药是非常有潜力的天然抗氧化剂资源，可以广泛应用于食品、医疗和保健等行业（欧立军等，2013b）。

天门冬作为传统的中草药，具有较强的清除自由基、延缓衰老的作用，在我国已有几千年的使用历史（李敏等，2005）。研究表明，天门冬醇提液和水提液均有明显的抗氧化活性，但天门冬的醇提方法和水提方法耗时较长，不适合现代快节奏的生活。为了进一步开发天门冬的使用价值，需要寻求一种迅速高效的提取方法。因此，通过研究天门冬的水提液、醇提液和榨汁提取液对 D-半乳糖致衰小鼠血清、心脏、肝、脑和肺等部位的 NO 和 MDA 水平，以及 NOS、SOD、过氧化氢酶（CAT）活性的影响，为阐明其抗氧化机制提供依据；并分析天门冬不同

提取液的抗氧化能力的差异，寻求天门冬较为合适的提取方法，为拓宽天门冬临床应用范围提供理论依据。

5.4.1　材料与方法

5.4.1.1　试验动物

健康昆明种雄性小鼠，2 月龄，体重（20±2）g，分为空白对照组、衰老模型组、水提给药组、醇提给药组和榨汁给药组 5 组，每组数量为 10 只。

5.4.1.2　药剂制备

天门冬块根低温烘干后，将天门冬粉碎成粗粉。采取 3 种方法分别提取天门冬块根的有效成分。

水提法：取天门冬块根粗粉 20g，加水 160mL 煮提 3 次，频率为 1h/次，合并 3 次提取液，过滤后浓缩得水提液。

醇提法：取天门冬块根粗粉 20g，加 100mL 浓度为 95%乙醇浸泡 24h，采用 KQ-500E 型超声波仪 40e 超声波抽提 40min，回收乙醇，得醇提液。

榨汁法：取天门冬块根粗粉 20g，蒸馏水浸泡过夜，榨汁后过滤，然后浓缩，得榨汁液。

把所得 3 种提取物分别稀释到生药浓度 0.7g/mL，冷藏备用。

5.4.1.3　衰老和给药模型的构建

空白对照组每天皮下注射生理盐水；衰老模型组每天注射 D-半乳糖（浓度 7mg/mL，经 130℃灭菌，100mg/kg 体重）；给药组每天注射 D-半乳糖（100mg/kg 体重），同时分别灌胃天门冬水提液、醇提液和榨汁液（2g/kg 体重）。各组进行分笼饲养，让小鼠自由进水。

5.4.1.4　生理指标测定

连续给药 30d 后，将小鼠断颈处死，取血，3000r/min 离心取血清；取肝、脑、心脏、肺称重，用预冷生理盐水分别制成浓度为 1%和浓度为 10%的匀浆。采用南京建成生物工程研究所研制的试剂盒进行 SOD、CAT、NOS、MDA 和 NO 的测定。

5.4.1.5　统计分析方法

采用 SPSS 13.0 统计分析软件进行数据分析及差异显著性检验。数据以平均值±标准差表示。

5.4.2 天门冬块根不同提取液对小鼠脑 NOS、CAT、SOD 活性与 NO 和 MDA 含量的影响

与衰老模型组相比，3 种天门冬提取液给药组都提高了小鼠的 SOD、NOS 和 CAT 的活性，使小鼠的 NO 含量上升，MDA 含量降低。但不同提取液抗氧化的效果不一，其中水提给药组对 SOD、NOS 和 CAT 活性及 NO 含量的提高或 MDA 含量的下降效果最显著，醇提给药组效果次之，榨汁给药组效果相对一般（表 5-12）。

表 5-12　天门冬块根不同提取液对脑 SOD、NOS、CAT 活性与 NO、MDA 含量的影响

处理		SOD（U/mg prot）	NOS（U/mg prot）	CAT（U/mg prot）	MDA（U/mg prot）	NO（μmol/L）
空白对照组		98.31±4.44a	1.48±0.035b	32.34±0.98b	1.43±0.089b	12.50±1.06c
衰老模型组		63.99±4.20c	1.35±0.057c	20.67±2.16d	2.59±0.255a	5.08±0.850d
给药组	水提	95.58±4.05a	1.61±0.055a	46.85±1.81a	1.05±0.028c	24.34±1.83a
	醇提	70.47±5.93b	1.50±0.082b	38.54±2.57b	1.23±0.085b	20.35±0.98b
	榨汁	66.45±4.94b	1.47±0.067b	30.45±2.48c	1.67±0.159b	16.78±0.84c

注：同列不同小写字母表示差异性显著（$P<0.05$）；prot=蛋白质

5.4.3 天门冬块根不同提取液对小鼠肝 NOS、CAT、SOD 活性与 NO 和 MDA 含量的影响

3 个给药组小鼠肝的 NOS（榨汁给药组除外）、CAT 和 SOD 活性及 NO 含量都比衰老模型组高，MDA 含量比衰老模型组低，但 SOD 和 CAT 活性（水提给药组除外）及 NO 含量相比空白对照组低。水提给药组 NOS 和 CAT 活性比空白对照组高，MDA 含量比空白对照组低；醇提给药组和榨汁给药组的 NOS 活性高于空白对照组（表 5-13）。

表 5-13　天门冬不同提取液对小鼠肝 NOS、MDA、SOD 活性与 NO、MDA 含量的影响

处理		SOD（U/mg prot）	NOS（U/mg prot）	CAT（U/mg prot）	MDA（U/mg prot）	NO（μmol/L）
空白对照组		55.65±2.81a	0.84±0.130b	54.61±3.32a	1.32±0.273b	4.95±0.017a
衰老模型组		49.54±2.88b	0.74±0.117b	45.72±4.51b	1.75±0.136a	1.91±0.016b
给药组	水提	50.98±4.09b	1.12±0.293a	55.16±5.09a	1.20±0.201b	2.64±0.031b
	醇提	50.28±3.97b	0.98±0.156b	50.67±3.87a	1.39±0.105b	2.23±0.024b
	榨汁	49.98±0.59b	0.86±0.075b	47.78±1.18b	1.52±0.085b	2.08±0.072b

注：同列不同小写字母表示差异性显著（$P<0.05$）；prot=蛋白质

5.4.4　天门冬块根不同提取液对小鼠血清 NOS、CAT、SOD 活性与 NO 和 MDA 含量的影响

与衰老模型组相比，3 个给药组都提高了小鼠血清的抗氧化能力。但不同提取液的提高程度有差异，水提给药组的 SOD、NOS、CAT 活性和 NO、MDA 含量与衰老模型组存在显著差异（$P<0.05$），醇提给药组和榨汁给药组的 SOD、CAT 活性和 NO、MDA 含量与衰老模型组存在显著差异（$P<0.05$），但 NOS 活性与衰老模型组无显著差异（表 5-14）。

表 5-14　天门冬不同提取液对小鼠血清 NOS、MDA、SOD 活性和 NO、MDA 含量的影响

处理		SOD (U/mg prot)	NOS (U/mg prot)	CAT (U/mg prot)	MDA (U/mg prot)	NO (μmol/L)
空白对照组		96.42±9.29a	46.52±3.32a	0.61±0.083a	24.96±3.80b	987.64±46.14a
衰老模型组		72.58±6.47c	43.76±4.51b	0.072±0.0132d	29.64±4.46a	503.26±27.08b
给药组	水提	92.65±8.00a	47.21±3.24a	0.35±0.057b	22.97±2.81b	965.52±41.44a
	醇提	84.78±7.56b	45.34±5.09b	0.26±0.02b	25.67±4.09b	879.62±31.54a
	榨汁	80.67±3.32b	44.25±0.98b	0.12±0.056c	26.87±1.74b	723.46±51.01a

注：同列不同小写字母表示差异性显著（$P<0.05$）；prot=蛋白质

5.4.5　天门冬块根不同提取液对小鼠心脏 NOS、CAT、SOD 活性与 NO 和 MDA 含量的影响

与衰老模型组相比，3 个给药组都提高了小鼠心脏的抗氧化酶活性和 NO 含量，降低了 MDA 含量。但不同提取液的抗氧化效果有差异，水提给药组的 NOS 活性显著高于空白对照组、衰老模型组和其他给药组，SOD、CAT 活性及 NO 含量显著高于衰老模型组，MDA 含量显著低于衰老模型组，但显著高于空白对照组的 MDA 含量；醇提给药组与榨汁给药组的 SOD 和 CAT 活性、NO 和 MDA 含量接近，这两个给药组的 SOD 和 NOS 活性、NO 和 MDA 含量与衰老模型组存在显著差异（$P<0.05$）（表 5-15）。

表 5-15　天门冬不同提取液对小鼠心脏 NOS、SOD、CAT 活性和 NO、MDA 含量的影响

处理		SOD (U/mg prot)	NOS (U/mg prot)	CAT (U/mg prot)	MDA (U/mg prot)	NO (μmol/L)
空白对照组		51.58±2.96a	0.31±0.062c	5.06±0.75a	0.39±0.078c	8.08±0.92a
衰老模型组		33.96±2.19c	0.26±0.053d	1.53±0.38c	2.53±0.35a	1.10±0.24c
给药组	水提	44.75±2.45b	0.48±0.092a	2.91±0.45b	2.15±0.41b	3.61±0.18b
	醇提	39.65±3.16b	0.40±0.075b	2.54±0.43b	2.36±0.56b	3.23±0.34b
	榨汁	37.58±2.31b	0.36±0.031c	2.08±0.18b	2.43±0.036b	2.82±0.36b

注：同列不同小写字母表示差异性显著（$P<0.05$）；prot=蛋白质

5.4.6 天门冬块根不同提取液对小鼠肺 NOS、CAT、SOD 活性与 NO 和 MDA 含量的影响

与衰老模型组相比，3 个给药组对小鼠肺的抗氧化能力影响较大。水提给药组小鼠肺的 SOD、CAT 活性及 NO 含量显著高于空白对照组、衰老模型组和其他给药组，MDA 含量则显著低于空白对照组、衰老模型组和其他给药组；醇提给药组和榨汁给药组的 SOD、NOS 活性接近，都显著高于衰老模型组，CAT 活性和 MDA、NO 含量则存在显著差异，但醇提给药组和榨汁给药组的 CAT 活性、NO 含量都显著高于衰老模型组，MDA 含量则显著低于衰老模型组（$P<0.05$）（表 5-16）。

表 5-16　天门冬不同提取物对小鼠肺 NOS、MDA 和 SOD 活性与 NO 和 MDA 含量的影响

处理		SOD （U/mg prot）	NOS （U/mg prot）	CAT （U/mg prot）	MDA （U/mg prot）	NO （μmol/L）
空白对照组		56.24±4.57b	1.86±0.273a	14.30±1.34b	2.24±0.39c	6.12±0.62c
衰老模型组		50.87±5.09c	1.51±0.136b	5.24±1.06c	4.90±0.51a	3.09±2.07d
给药组	水提	61.33±6.47a	1.72±0.201b	18.73±1.61a	1.73±0.45d	13.21±1.67a
	醇提	52.69±3.98c	1.56±0.102b	12.70±1.52b	2.05±0.70c	9.56±1.24b
	榨汁	51.24±4.98c	1.59±0.314b	9.79±1.23c	3.18±0.89b	6.83±0.98c

注：同列不同小写字母表示差异性显著（$P<0.05$）；prot=蛋白质

5.5　天门冬提取物体外抑菌活性

有研究表明，天门冬属植物有一定的抑菌作用。冯翠萍和王亚琴（2007）利用平板菌落计数法进行芦笋皮水提取物和乙醇提取物对空气中常见细菌的抑制活性的研究时发现，芦笋皮的两种提取物对空气中最常见细菌均有较好的抑制效果。Mandal等（2000）研究发现，长刺天门冬块根的甲醇提取物有显著的抗志贺氏痢疾杆菌和金黄色葡萄球菌作用，其效果与氯霉素相当。Uma 等（2009）认为，长刺天门冬块根提取物具有抗念珠菌活性。本研究通过分析天门冬提取物体外对金黄色葡萄球菌、大肠杆菌、苏云金芽孢杆菌和铜绿假单胞菌的抑制作用，探讨天门冬提取物体外抗氧化和抑菌能力，为开发天门冬深加工产品提供依据（谭娟等，2014）。

5.5.1　材料与方法

5.5.1.1　试验材料

将天门冬地上部分和块根分别烘干后，粉碎成粗粉。取 40g，加水 160mL 煮提 3 次，频率为 1h/次，合并 3 次提取液，抽滤后用旋转蒸发仪浓缩得天门冬水提

液，此时浓度为 4g/mL，冷藏备用。实验时分别稀释浓度为 4.0g/mL、3.0g/mL、2.0g/mL、1.0g/mL、0.5g/mL，以 100mg/mL 二丁基羟基甲苯（BHT）和 100mg/mL 维生素 C 作为阳性对照。

5.5.1.2　药剂制备

BHT 溶液的配制：在天平上称取 1g BHT 溶于 10mL 的乙醇中得到浓度为 100mg/mL 的药液。

维生素 C 溶液的配制：在天平上称取 1g 维生素 C，溶于 10mL 的蒸馏水中得到浓度为 100mg/mL 的维生素 C 溶液。

天门冬水提液的稀释：取浓度 4.0g/mL 的天门冬水提液稀释成浓度为 3.0g/mL、2.0g/mL、1.0g/mL、0.5g/mL 的稀释液。

5.5.1.3　菌种活化

将新配制的培养基装入试管当中，灭菌后摆斜面。在无菌条件下用划线法将供试菌种移接入相应的斜面培养基上，于 37℃下培养 18～24h，进行菌种斜面活化。

5.5.1.4　供试菌株悬浮液的制备

麦氏比浊法制作菌悬液（9.8mL 浓度为 1%的硫酸和 0.2L 浓度为 0.25%的氯化钡溶液，制得的菌悬液含菌为 2.0×10^8CFU/mL）：在无菌条件下，将活化好的菌种每种分别挑取两环菌悬液，然后各用无菌生理盐水稀释，再与麦氏比浊液对比（调节生理盐水的用量），使菌悬液的浑浊度与麦氏比浊液浑浊度基本一样。

5.5.1.5　含菌平板制作

将新鲜配制的培养基于 121℃条件下灭菌，当培养基冷至 50～60℃时，于超净工作台上将培养基倒入灭菌的直径为 90mm 培养皿中，每皿倒入体积为 15～20mL 培养基，待平板冷却后，每皿中加入 0.1mL 菌悬液，用三角玻璃涂棒均匀涂成薄板备用。

5.5.1.6　无菌滤纸片法

用打孔机制成直径为 6mm 的圆形纸片，分装于小培养皿内，留作高压蒸汽灭菌备用。

5.5.1.7　抑菌作用测定

无菌操作时，用镊子夹取无菌滤纸片在各个药液中浸湿，在容器壁沥去多余的溶液,在标记的相应位置的平板上贴好滤纸片(每组平行 3 次,取平均值),在 37℃温度条件下培养 18～24h,观察并测量抑菌环直径,比较抑菌效果(抑菌圈在 15mm 以上,抑菌能力强;抑菌圈在 10～15mm,抑菌能力较强;抑菌圈在 10mm 以下,抑菌能力弱)。

5.5.2 天门冬块根水提液体外抑菌作用分析

天门冬块根水提液对供试的细菌都有抑制作用,且随着其浓度的提高,抑菌作用逐渐增强;其中,天门冬块根水提液对金黄色葡萄球菌的抑制作用相对较强,最低抑菌浓度为 0.25g/mL;对苏云金芽孢杆菌抑制作用最弱,最低抑菌浓度为 1.00g/mL(表 5-17)。通过比较抑菌圈的大小,发现天门冬块根水提液抑菌能力相对较弱。

表 5-17 天门冬块根水提液对细菌生长的抑制作用

| 菌种 | 块根水提液浓度(g/mL) | | | | | 抗氧化剂(100mg/mL) | | | 最低抑制浓度 (g/mL) |
	0.5	1.0	2.0	3.0	4.0	BHT	维生素 C	标准差	
大肠杆菌	0.1	0.5	0.7	0.9	1.0	0	0	±0.02	0.50
金黄色葡萄球菌	0.3	0.4	0.6	0.5	0.7	0	0	±0.01	0.25
苏云金芽孢杆菌	—	0.1	0.2	0.3	0.7	0	0	±0.02	1.00
铜绿假单胞菌	0.2	0.6	0.7	0.7	0.7	0	0	±0.01	0.50

注:抑菌圈大小的单位为 mm;"—"表示未检出

天门冬地上部分水提液对供试的细菌都有抑制作用,且随着其浓度的提高,抑菌作用逐渐增强;其中,对铜绿假单胞菌的抑制作用相对较强,最低抑菌浓度为 0.5g/mL;对苏云金芽孢杆菌抑制作用最弱,最低抑菌浓度为 2.0g/mL(表 5-18)。通过比较抑菌圈的大小,发现天门冬茎叶水提液抑菌能力相对较弱。

表 5-18 天门冬地上部分水提液对细菌生长的抑制作用

| 菌种 | 地上部分水提液浓度(g/mL) | | | | | 抗氧化剂(100mg/mL) | | | 最低抑制浓度 (g/mL) |
	0.5	1.0	2.0	3.0	4.0	BHT	维生素 C	标准差	
大肠杆菌	—	0.2	0.2	0.2	0.3	0	0	±0.01	1.0
金黄色葡萄球菌	—	0.4	0.4	0.5	0.7	0	0	±0.02	1.0
苏云金芽孢杆菌	—	—	0.4	0.8	1.1	0	0	±0.05	2.0
铜绿假单胞菌	0.2	0.2	0.3	0.6	0.7	0	0	±0.02	0.5

注:抑菌圈的大小单位为 mm;"—"表示未检出

参 考 文 献

程超, 朱玉婷, 田瑞, 等. 2012. 喷雾冷冻干燥对葛仙米藻胆蛋白抗氧化特性的影响. 食品科学, 33(13): 36-39.

段世廉, 唐生安, 秦楠, 等. 2012. 金鸡脚化学成分及其抗氧化活性. 中国中药杂志, 37(10): 1402-1407.

方芳, 张恒, 赵玉萍, 等. 2012. 天门冬的体外抑菌作用. 湖北农业科学, 51(5): 24.

冯翠萍, 王亚琴. 2007. 芦笋皮抑菌作用的研究. 食品科学, 28(12): 105-109.

李敏, 费曜, 王家葵. 2005. 天冬药材药理实验研究. 时珍国医国药, 16(7): 580-582.

李婷欣, 李云. 2005. 天门冬提取液对大鼠的急性和慢性炎症的影响. 现代预防医学, 32(9): 1051-1052.

罗俊, 龙庆德, 李诚秀, 等. 2000. 地冬及天冬对荷瘤小鼠的抑瘤作用. 贵阳医学院学报, 25(1): 15-16.

欧立军, 危革, 周红灿, 等. 2013a. 不同产地天门冬水提液抗氧化能力比较. 中国老年学杂志, 33(23): 5897-5899.

欧立军, 张人文, 谈智文, 等. 2011. 我国不同地区天门冬核 DNA ITS 序列分析. 中草药, 42(7): 1402-1406.

欧立军, 赵丽娟, 刘良科, 等. 2013b. 天门冬不同提取液对 D-半乳糖衰老小鼠部分生理指标的影响. 中成药, 35(11): 2520-2522.

曲凤玉, 毛金军, 魏晓东, 等. 1999. 天门冬对 D-半乳糖衰老模型小鼠红细胞膜、干细胞膜 MDA 影响的实验研究. 中草药, 30(10): 763-764.

谭娟, 黄静, 欧立军. 2014. 天门冬水提液体外抗氧化及抑菌作用观察. 中成药, 36(8): 1753-1755.

温晶媛, 李颖, 丁声颂, 等. 1993. 中国百合科天门冬属九种药用植物的药理作用筛选. 上海医科大学学报, 20(2): 107.

张鹏霞, 曲凤玉, 白晶, 等. 2000. 天门冬醇提取液对 D-半乳糖致衰小鼠脑抗氧化作用的实验研究. 中国老年学杂志, 1(20): 38-43.

赵玉佳, 孟祥丽, 李秀玲, 等. 2005. 天门冬水提液及其纳米中药对衰老模型小鼠 NOS、NO、LPF 的影响. 中国野生植物资源, 24(30): 49-51.

郑海音, 赵锦燕, 刘艳, 等. 2011. 粗叶悬钩子总生物碱对大鼠非酒精性脂肪肝病的抗氧化作用研究. 中国中药杂志, 36(17): 2383-2387.

Asaduzzaman K M, Tania M, Zhang D Z, et al. 2010. Antioxidant enzymes and cancer. Chinese Journal of Cancer Research, 22: 87-92.

Cui X, Zuo P, Zhang Q, et al. 2006. Chronic systemic D-galactose exposure induces memory loss, neurodegeneration, and oxidative damage in mice: protective effects of R-α-lipoic acid. Journal of Neuroscience Research, 83: 1584-1590.

Dillin A, Gottschling D E, Nyström T. 2014. The good and the bad of being connected: the integrons of aging. Current Opinion in Cell Biology, 26: 107-112.

Fisch K M, Böhm V, Wright A D, et al. 2003. Antioxidative meroterpenoids from the brown alga *Cystoseira crinita*. Journal of Natural Products, 66: 968-975.

Harman D. 1955. Aging: a theory based on free radical and radiation chemistry. Journal of

Gerontology, 11: 298-300.

Jalsrai A, Numakawa T, Kunugi H, et al. 2016. The neuroprotective effects and possible mechanism of action of a methanol extract from *Asparagus cochinchinensis*: *in vitro* and *in vivo* studies. Neuroscience, 322: 452-463.

Jiang S H, Li H Q, Ma H L, et al. 2011. Antioxidant activities of selected Chinese medicinal and edible plants. International Journal of Food Sciences and Nutrition, 62(5): 441-444.

Le S H, Anh N P. 2013. Phytochemical composition, *in vitro* antioxidant and anticancer activities of quercetin from methanol extract of *Asparagus cochinchinensis* (Lour.) Merr. tuber. Journal of Medicinal Plants Research, 7: 3360-3366.

Lee D Y, Choo B K, Yoon T, et al. 2009. Anti-inflammatory effects of *Asparagus cochinchinensis* extract in acute and chronic cutaneous inflammation. Journal of Ethnopharmacology, 121: 28-34.

Lei L H, Chen Y H, Ou L J, et al. 2017. Aqueous root extract of *Asparagus cochinchinensis* (Lour.) Merr. has antioxidant activity in D-galactose-induced aging mice. BMC Complementary and Alternative Medicine, 17: 469.

Lei L H, Ou L J, Yu X Y. 2016. The antioxidant effect of *Asparagus cochinchinensis* (Lour.) Merr. shoot in D-galactose induced mice aging model and *in vitro*. Journal of the Chinese Medical Association, 79(4): 205-211.

Mandal S C, Nandy A, Pal M, et al. 2000. Evaluation of antibacterial activity of *Asparagus racemosus* root. Phytotherapy Research, 14(2): 118-119.

Suh H J, Chung M S, Cho Y H, et al. 2005. Estimated daily intakes of butylated hydroxyanisole (BHA), butylated hydroxytoluene (BHT) and tert-butyl hydroquinone (TBHQ) antioxidants in Korea. Food Additives and Contaminants, 22: 1176-1188.

Uma B, Prabhakar K, Rajendran S. 2009. Anticandidal activity of *Asparagus racemosus*. Indian Journal of Pharmaceutical Sciences, 71(3): 342-343.

第6章 天门冬的疗养应用研究

6.1 天门冬切叶的保鲜

天门冬枝叶纤细，姿态潇洒，十分清雅秀丽，不仅是珍贵的传统药用植物和重要的观叶盆栽植物，还是绝妙的切叶素材、是插花的上好陪衬材料。本节通过探讨乙烯利及其他保鲜剂与天门冬切叶的关系，为天门冬切叶提供有效的采后保鲜技术，以提高天门冬的综合效益。

6.1.1 不同保鲜剂对天门冬切叶的影响

通过探讨天门冬切叶与保鲜剂的关系，探明不同保鲜剂对其品质的影响，为天门冬切叶生产提供有效的采后保鲜技术支撑，为开展切叶类植物采后保鲜技术研究提供参考。

6.1.1.1 材料与方法

1. 材料

天门冬切叶样品要求枝叶健壮、无病虫害、无黄叶、叶色嫩绿、粗细均匀，水中剪切枝条，留18cm长，摘掉枝条下部1/3的叶片，备用。

2. 方法

（1）乙烯利处理

将天门冬切叶瓶插于 4 组，浓度分别为 0mg/L、0.5mg/L、2mg/L、5mg/L 的乙烯利溶液中，分别标记为 CK、A、B、C。保鲜膜密封瓶口，各处理保持一定间距。

（2）硫代硫酸银（STS）处理

将天门冬切叶瓶插于 7 组，浓度分别为 0mg/L、5mg/L、10mg/L、25mg/L、50mg/L、100mg/L、200mg/L 的 STS 溶液中，分别标记为 CK、Ⅰ、Ⅱ、Ⅲ、Ⅳ、Ⅴ、Ⅵ。黑色纸包住装有溶液的瓶子，且每隔 4d 更换 1 次溶液。

（3）其他保鲜剂处理

将天门冬切叶瓶插于 11 组,配方分别为 150mg/L 8-羟基喹啉柠檬酸盐（8-HQC），

0.5%蔗糖（SUC）+150mg/L 8-HQC，1% SUC+150mg/L 8-HQC，1.5% SUC+150mg/L 8-HQC，200mg/L 维生素 C，500mg/L CaCl$_2$，200mg/L Al$_2$(SO$_4$)$_3$，1mg/L 6-BA，2mg/L 6-BA，1mg/L 6-BA+500mg/L CaCl$_2$+5mg/L STS+150mg/L 8-HQC+200mg/L 维生素 C，去离子水，保鲜液中处理。分别标记为 a、b、c、d、e、f、g、h、i、j、CK。以上每个处理组 3 瓶，每瓶 6 枝切叶。瓶插期间室温为 15～25℃，相对湿度为 45%～60%。

（4）瓶插指标测定

切叶瓶插期间每天记录天门冬切叶鲜重变化率、叶片黄化率及瓶插寿命。切叶鲜重变化率=[（日鲜重－初始鲜重）/初始鲜重]×100%。将切叶的黄化程度分为 5 级：0 级，叶片翠绿色，无黄叶；1 级，每枝切叶开始有 1～5 片针状小叶黄化，占整枝切叶小叶总数的 1.0%～10.0%；2 级，每枝切叶有 6～15 片针状小叶黄化，占整枝切叶小叶总数的 11.0%～25.0%；3 级，每枝切叶有 16～50 片针状小叶黄化，占整枝切叶小叶总数的 26.0%～50.0%；4 级，每枝切叶有一半以上针状小叶黄化，占整枝切叶小叶总数的 50.0%以上。瓶插寿命，以整枝切叶中一半以上针状小叶黄化或脱落为该枝切叶寿命终止（盛爱武等，2007）。

6.1.1.2 乙烯利对天门冬切叶的保鲜效果

不同浓度乙烯利处理的天门冬切叶，瓶插寿命短于 CK 组（图 6-1）。A、B、C 组瓶插寿命相差不大，约为 11d，而 CK 组为 22d。这说明天门冬是乙烯利敏感型植物，贮运天门冬切叶时要控制好环境中乙烯利的含量。

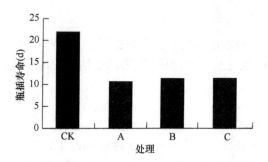

图 6-1　乙烯利对天门冬切叶瓶插寿命的影响（盛爱武等，2007）

由图 6-2 可以发现，瓶插期前 2d 天门冬切叶鲜重增加，第 2 天后小叶脱落，鲜重开始急剧下降，至第 4 天鲜重变化率开始缓慢上升。经不同浓度乙烯利处理，瓶插期间天门冬切叶鲜重的增加幅度和保持力度都明显低于 CK 组，这说明乙烯利对天门冬切叶保鲜有明显副作用。

由图 6-3 发现，瓶插期 B、C 处理组天门冬切叶第 4 天开始黄化，C 组黄化程度最严重，A 组第 6 天叶片开始黄化，而 CK 组叶片整个瓶插期间无黄化。这说明乙烯利可诱导天门冬切叶叶片黄化，叶片黄化程度随乙烯利浓度的增加而加重。

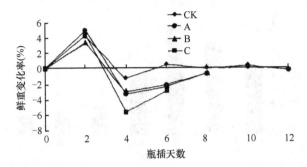

图 6-2　乙烯利对天门冬切叶鲜重变化率的影响（盛爱武等，2007）

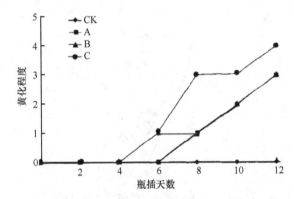

图 6-3　乙烯利对天门冬切叶黄化程度的影响（盛爱武等，2007）

6.1.1.3　STS 对天门冬切叶的保鲜效果

由图 6-4 发现，瓶插期 II 组切叶寿命达 35.7d， I 组达 30d，均高于 CK 组的 22d，而 III 组与 CK 组相近。IV组、 V 组、 VI 组均低于 CK 组，且瓶插寿命依次降低。这说明 STS 能影响天门冬切叶的瓶插寿命，5～10mg/L 的低浓度 STS 可延长天门冬切叶的瓶插寿命，以 10mg/L STS 最佳，50mg/L 以上的高浓度 STS 却降低天门冬切叶的瓶插寿命。在一定浓度范围内处理浓度越高，天门冬切叶瓶插寿命越短。

由图 6-5 发现，天门冬切叶瓶插初期各处理组鲜重增加，但第 2～4 天，切叶鲜重变化率急剧下降。接着 I 组、 II 组鲜重变化率逐渐上升，其中 II 组鲜重变化率一直维持较高增长趋势。而 CK 组则一直维持在第 4 天的水平。III组自第 2 天起叶片逐渐脱落，其鲜重变化率呈持续下降趋势。IV组、 V 组、 VI 组自瓶插第 2 天叶片就大量脱落，所以图 6-5 中没有列出它们的鲜重变化率。

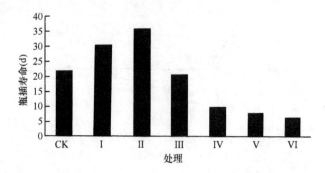

图 6-4　STS 对天门冬切叶瓶插寿命的影响（盛爱武等，2007）

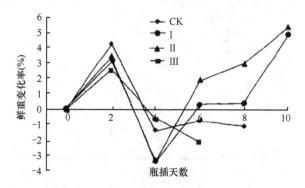

图 6-5　STS 对天门冬鲜重变化的影响（盛爱武等，2007）

6.1.1.4　其他保鲜剂对天门冬切叶的保鲜效果

由图 6-6 可知，a 组天门冬切叶瓶插寿命达 20.5d，高于 CK 的 16d，在 a 组的基础上添加了不同浓度蔗糖的组 b 组、c 组、d 组，除了 b 组（添加 0.5% SUC）比单因子处理 a 组略微延长了瓶插寿命，c 组、d 组均短于单因子处理 a 组。e 组、f 组、h 组、i 组天门冬切叶瓶插寿命分别达 25.5d、25.5d、24d、27d，复合保鲜液 j 组达 26d，高于 CK，但与单因子处理 e 组、f 组、h 组、i 组差异不明显。

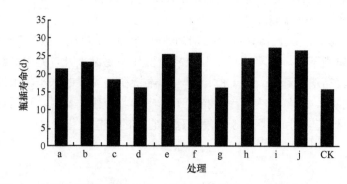

图 6-6　不同保鲜剂对天门冬切叶瓶插寿命的影响（盛爱武等，2007）

6.1.2　不同浓度赤霉素对天门冬切叶的保鲜效果

本研究主要通过探讨天门冬切叶保鲜与赤霉素及其配方的关系为天门冬切叶提供有效的采后保鲜技术支持。

6.1.2.1　材料与方法

供试天门冬选取健壮、无病虫害、无黄叶、叶色嫩绿、粗细均匀的枝条。设4 个处理（A：0.25%蔗糖+150mg/L 8-羟基喹啉（8-HQ）+25mg/L 赤霉素；B：0.25%蔗糖+150mg/L 8-HQ+50mg/L 赤霉素；C：0.25%蔗糖+150mg/L 8-HQ+75mg/L 赤霉素；D：0.25%蔗糖+150mg/L 8-HQ+100mg/L 赤霉素）和 CK（0.25%蔗糖+150mg/L 8-HQ），重复 3 次。

水切法切去枝条基部，留约 20cm 长，摘除枝条下部 1/3 的叶片，每个处理15 枝切叶。瓶插期室温 28~32℃，采取室内自然光光照。以蒽酮比色法测定可溶性糖含量，以考马斯亮蓝法测定可溶性蛋白含量，以比色法测定丙二醛（MDA）含量、叶绿素含量和过氧化氢酶（CAT）活性，以 Excel 整理数据，以 DPS 统计软件中的 Duncan's 新复极差法对数据进行统计分析（王廷芹等，2016）。

6.1.2.2　不同浓度赤霉素对天门冬切叶瓶插寿命的影响

从表 6-1 可以看出，天门冬切叶瓶插寿命 A、B、C、D 处理均显著高于CK（8.59d），其中 B 处理达 11.65d，比 CK 延长了 3.06d，C 处理达 12.48d，比 CK 延长了 3.89d，相对而言 C 处理的保鲜效果最好。C 与 A、D 处理间有显著差异。

表 6-1　不同浓度赤霉素对天门冬切叶瓶插寿命的影响（王廷芹等，2016）

处理	CK	A	B	C	D
瓶插寿命（d）	8.59±0.87c	10.52±0.77b	11.65±0.61ab	12.48±0.52a	10.42±0.58b

注：表中数据为同一处理 3 次重复的平均值±标准差；不同小写字母表示差异显著（$P<0.05$）

6.1.2.3　不同浓度赤霉素对天门冬叶片黄化程度的影响

由表 6-2 发现，A、B、D 处理及 CK 的天门冬切叶均从第 6 天开始出现 1 级黄化，C 处理从第 7 天开始出现 1 级黄化。其中，CK 的黄化程度最严重，第 10天达到 4 级黄化程度，而 C 处理第 7 天才达到 1 级黄化程度，且第 8~11 天一直处于 2 级黄化程度，第 12 天刚达到 3 级。A、B、D 处理间的黄化程度没有差异，但都比 C 处理黄化快。

表 6-2　不同保鲜液处理对天门冬切叶黄化程度的影响（王廷芹等，2016）

处理	1d	2d	3d	4d	5d	6d	7d	8d	9d	10d	11d	12d
CK	0	0	0	0	0	1	2	3	3	4	4	4
A	0	0	0	0	0	1	1	2	2	3	3	3
B	0	0	0	0	0	1	1	2	2	3	3	3
C	0	0	0	0	0	0	1	2	2	2	2	3
D	0	0	0	0	0	1	1	2	2	2	2	3

6.1.2.4　不同浓度赤霉素对天门冬切叶可溶性糖含量的影响

由表 6-3 发现，C 处理的可溶性糖含量变化幅度最小，一直处于较高水平。第 1 天，各处理和 CK 的可溶性糖含量差异不显著。第 3 天，B 处理的可溶性糖含量显著低于 CK，但 CK 和 A、C、D 处理之间差异不显著。第 5 天，C 处理的可溶性糖含量显著高于其他处理和 CK 的可溶性糖含量。第 7 天，A、B 和 C 处理的可溶性糖含量显著高于 CK。第 9 天，A 和 C 处理的可溶性糖含量显著高于 CK。

表 6-3　不同保鲜液处理对天门冬叶片可溶性糖含量（mg/g）的影响（王廷芹等，2016）

处理	1d	3d	5d	7d	9d
CK	22.86±0.99a	18.41±3.90a	10.57±0.67c	12.92±0.84c	16.81±0.65b
A	24.81±1.37a	16.71±2.37ab	12.77±0.57b	16.38±0.67b	20.51±0.73a
B	23.18±4.89a	12.75±2.52b	9.08±0.02d	18.04±1.67ab	17.74±2.40b
C	26.39±1.73a	15.91±2.08ab	15.53±0.49a	18.52±0.80a	21.66±1.09a
D	22.52±4.55a	17.25±0.29ab	12.25±0.58b	14.22±0.71c	15.22±0.96b

6.1.2.5　不同浓度赤霉素对天门冬切叶可溶性蛋白含量的影响

由表 6-4 发现，第 1 天，CK 和各处理差异都不明显，可溶性蛋白含量均处于瓶插期间的最高值。第 3 天，CK 和各处理的可溶性蛋白含量减少。第 5 天，A、B、C、D 处理的可溶性蛋白含量均高于 CK，但差异不明显。第 7 天，各处理可溶性蛋白含量均显著高于 CK，各处理间差异不显著。第 9 天，A 和 D 处理的可溶性蛋白含量显著高于 CK，B、C 处理和 CK 差异不显著，但均比 CK 高。

表 6-4　不同保鲜液处理对天门冬叶片可溶性蛋白含量（mg/g）的影响（王廷芹等，2016）

处理	1d	3d	5d	7d	9d
CK	13.00±1.86a	8.77±1.08 ab	9.37±0.36a	7.22±0.68b	7.60±0.31b
A	13.76±1.49a	9.76±0.53a	10.97±0.36a	9.85±0.82a	9.12±0.28a
B	11.83±2.08a	7.56±0.88b	9.65±1.02a	10.24±0.33a	8.67±1.17ab
C	11.70±1.20a	9.34±0.27a	11.39±0.64a	9.19±0.27a	8.68±0.64ab
D	11.05±1.22a	9.36±0.87a	10.53±2.53a	9.53±0.94a	9.82±0.92a

6.1.2.6 不同浓度赤霉素对天门冬切叶丙二醛（MDA）含量的影响

由表 6-5 发现，第 1 天，D 处理的 MDA 含量高于 CK 和其他处理；第 3 天，C 处理的 MDA 含量明显低于 CK 和 D 处理，但与 A、B 处理差异不明显。第 5 天，C 处理明显低于 A、D 处理和 CK。第 7 天，C 处理的 MDA 含量明显低于 CK 和各处理。第 9 天，C 处理的 MDA 含量明显低于 CK 和 B 处理，但与 A、D 处理的差异不明显。第 1~7 天，D 处理的 MDA 含量最高，第 9 天时有所下降。

表 6-5 不同保鲜液处理对天门冬叶片 MDA 含量（μmol/g）的影响（王廷芹等，2016）

处理	1d	3d	5d	7d	9d
CK	28.75±4.67d	31.83±3.21b	42.87±0.25b	37.85±0.43ab	30.39±1.06b
A	37.49±0.45b	29.53±0.54bc	35.84±0.33c	35.56±2.12ab	28.39±0.22bc
B	35.56±0.87bc	28.75±1.18bc	30.11±2.62d	33.33±4.86b	40.57±0.45a
C	32.19±1.79cd	26.31±4.30c	29.75±2.15d	26.02±1.71c	25.88±1.83c
D	47.31±0.57a	43.94±0.69a	47.60±0.87a	42.44±6.88a	26.74±2.92c

6.1.2.7 不同浓度赤霉素对天门冬切叶叶绿素含量的影响

从表 6-6 可以看出，第 1 天，CK 叶绿素含量明显高于各处理。第 3 天，CK 和 A 处理的叶绿素明显高于 B、C 和 D 处理。第 5 天，A、B、D 处理的叶绿素含量均低于 CK，而 C 处理高于 CK，但差异不明显。第 7 天，各处理的叶绿素含量均显著高于 CK，且 B 和 C 处理显著高于 A 和 D。第 9 天，CK 叶绿素含量处于最低值，各处理的叶绿素含量显著高于 CK，而 B、C 处理显著高于 A 和 D 处理，且 A 和 D 之间差异显著。

表 6-6 不同保鲜液处理对天门冬切叶叶绿素含量（μg/g）的影响（王廷芹等，2016）

处理	1d	3d	5d	7d	9d
CK	35.06±0.59a	47.69±0.24a	41.11±0.34a	26.78±1.75c	25.22±0.29d
A	25.28±0.54d	47.03±0.13a	39.69±0.39b	39.14±0.10b	40.89±0.49b
B	34.11±0.38b	29.53±0.17c	36.14±0.34c	42.62±0.49a	42.72±0.76a
C	25.81±0.34d	39.61±0.17b	41.58±0.17a	43.62±0.17a	43.06±0.41a
D	29.58±0.42c	30.14±0.38c	29.42±0.22d	37.47±0.38b	37.47±0.17c

6.1.2.8 不同浓度赤霉素对天门冬叶片过氧化物酶（POD）活性的影响

由表 6-7 看出，第 1 天，CK 和各处理间的 POD 活性无明显差异。第 3 天，B、C 处理的 POD 活性显著高于 CK。第 5 天和第 7 天，C 处理的 POD 活性高于其他处理和 CK，但差异不明显。第 9 天，D 处理和 CK 的 POD 活性处于较低的水平，C 处理显著高于 CK、A 和 D 处理，但与 B 处理差异不显著。

表6-7　不同保鲜液处理对天门冬切叶 POD 酶活性[U/（g·min）] 的影响（王廷芹等，2016）

处理	1d	3d	5d	7d	9d
CK	1016.16±246.52a	1232.72±838.60c	2690.32±1078.33a	2382.14±1129.79a	1382.64±150.62c
A	2948.53±1687.91a	2890.22±1775.75abc	2007.33±1762.34a	5230.72±4363.47a	3489.92±2623.61bc
B	2673.66±933.61a	5289.02±2134.54a	1874.06±1332.57a	3998.00±402.14a	4631.02±1286.39ab
C	2690.32±1800.55a	4664.33±1 414.02ab	3831.42±2007.78a	6271.86±4878.39a	6480.09±1702.88a
D	1499.25±25.00a	2065.63±856.29bc	2923.54±1 668.56a	2582.04±226.73a	682.99±278.62c

6.1.2.9　不同浓度赤霉素对天门冬叶片过氧化氢酶（CAT）活性的影响

从表 6-8 可以看出，第 1 天，A 处理的 CAT 活性明显高于 C 处理，但与 B、D 处理和 CK 差异不明显，C 处理处于最低水平。第 3 天，B、C、D 处理的 CAT 活性都有所增强，但 CK 和各处理间无显著差异，A 处理和 CK 的 CAT 活性稍微有所下降，但差异不明显。第 5 天，各处理和 CK 的 CAT 活性在整个瓶插过程中最强，C 处理的 CAT 活性高于其他处理，并与相应的 POD 活性的变化相吻合，但差异不明显。第 7 天，C 处理的 CAT 活性显著高于 A 处理和 CK，CK 均低于 B、C、D 处理，但与 A、B 和 D 处理差异不显著。第 9 天，CK 和各处理的 CAT 活性差异不显著。

表6-8　不同保鲜液处理对天门冬切叶 CAT 酶活性 [U/（g·min）] 的影响（王廷芹等，2016）

处理	1d	3d	5d	7d	9d
CK	2 598.70±1 074.46ab	2 348.83±1 056.89ba	4 222.89±369.78a	824.59±584.41b	824.59±324.84a
A	3 190.07±1 464.77a	2 365.48±267.18a	9 187.07±1 637.08a	616.36±538.44b	1 374.31±450.47a
B	1 382.64±1 161.94ab	2 457.11±960.42a	8 029.32±3 998.50a	1 291.02±664.09ab	608.03±146.41a
C	1 057.80±533.78b	3 323.34±1 150.24a	10 719.64±4 890.09a	1 940.70±365.82a	1 141.10±1 072.52a
D	1 382.64±530.26ab	1 865.74±14.43a	10 702.98±7 022.79a	1 440.95±375.09ab	691.32±544.21a

6.2　天门冬插花程序及其康养作用

6.2.1　天门冬插花程序

天门冬插花程序大体如下。

1）根据装饰环境确定好天门冬插花主题。

2）根据插花主题设计好天门冬插花构图。

3）根据插花构图准备好天门冬插花素材。

4）天门冬插花制作。

a. 将削成椭圆形的一块花泥插入卡通盆内的竹竿中，在花泥的右侧密插红色小菊花，如图 6-7A 所示。

b. 在花泥的左侧密插天门冬的小断枝，如图 6-7B 所示。

c. 天门冬草与小菊花的交界处贴上 2 片星点木叶，并用大头针轻轻固定，如图 6-7C 所示。

d. 在花盆内的花泥上插入百合花蕾，如图 6-7D 所示。

e. 将撕好的新西兰麻叶茎弯曲后插入盆中的花泥中，形成 5 个弯拱，如图 6-7E 所示。

f. 在花盆的盆沿处插入一圈紫色的石斛兰，注意高度应低于百合花蕾，如图 6-7F 所示。

g. 插入余下的天门冬枝叶填补空缺，整理并完成作品，如图 6-7G 所示。

图 6-7　天门冬插花（丁稳林和江南鹤，2007）（彩图请扫封底二维码）

6.2.2　天门冬及其插花的康养作用

天门冬茎、叶的质地（蔓生，叶如茴香，极尖细而滑，有逆刺，也有涩而无刺者，其叶如丝杉而细散）对触觉都有刺激作用。一般来讲，鉴赏天门冬时，天门冬的花色和身姿会对人的视觉产生刺激，其白花使人产生宁静感，红色的果实使人产生激动感。观赏天门冬之类的绿色观赏植物有助于刺激、调节、松弛大脑，缓解压力和消除焦躁情绪（李树华和张文秀，2009），促进身心健康，而且对人的感情（如气质和自信等）有更加积极的影响，容易使人产生愉悦感（Yamane，2000）。

研究发现，在天门冬之类观赏植物点缀的绿色植物环境中，男性 α 波/β 波的值最高，相应地人的身心处于最适状态；而在天门冬之类观赏植物挂果时点缀的红色环境中，女性 α 波/β 波的值最高（金恩一和藤井英二郎，1994）。利用天门冬之类插花素材制作的插花作品或切花能减少压力和促进放松（Yamane，2000）。

进行天门冬种植和插花制作有助于培养忍耐力与注意力，有助于培养计划性和时间观念。种植或插花的对象是有生命的天门冬等，在进行活动时要求慎重并有持续性。例如，天门冬的修剪应根据长势及观赏要求来开展，播种时应根据天门冬种子的大小及萌芽特性来覆盖不同厚度的土壤，这些都需要慎重与注意力。天门冬的播种、移植、修剪、施肥、浇水、插花等各种园艺活动，必须先制订计划，或书面计划或脑中谋划，因人而异。这些活动有助于促进人的健康恢复，尤其是老年人群。

6.3　天门冬的疗养应用

天门冬是常用的民族药，历代本草均有记载，为 2000 年以来各版《中国药典》收载物种。天门冬药用部位主要是块根，具有养阴清热、润燥生津的功效，治疗肺结核、支气管炎、白喉、百日咳、口燥咽干、热病口渴、糖尿病和大便燥结等病症（王加锋等，2012）。外用则治疮痈肿毒、蛇咬伤等。

6.3.1　天门冬在抗溃疡和抗腹泻方面的药效

欧立军等（2010）研究发现，天门冬 75%醇提物具有很强的抑制溃疡形成的作用，在灌服 5g/kg 和 15g/kg 生药时，对小鼠水浸应激性溃疡形成的抑制率分别为 63.2%和 78.1%，对小鼠盐酸性溃疡形成的抑制率分别为 24.6%和 64.2%，对吲哚美辛-乙醇性溃疡形成的抑制率分别为 20.5%和 65.3%。总序天冬 50mg（总皂苷含量为 0.9%）对低温抑制应激诱导的急性胃溃疡、幽门结扎、阿司匹林加幽门结扎和半胱胺诱导的十二指肠溃疡均有明显的保护作用，对醋酸处理 10d 诱导的慢性胃溃疡也有显著治疗作用。研究胃液和黏膜得出，总序天冬能明显增加黏膜防御因子，如细胞黏液分泌、细胞生命跨度等，它也有明显的抗氧化作用，但对攻击性因子如酸和胃蛋白酶作用较弱或没有。给小鼠灌服总序天冬 75%醇提取物 5g/kg 和 15g/kg 生药，可显著减少蓖麻油所致的小肠性腹泻，但不影响小鼠墨汁胃肠推进运动（张明发等，1997）。

6.3.2　天门冬在抗心脑血管疾病、血糖方面的药效

欧立军等（2010）研究发现，对猫和犬静脉注射天冬氨酸钾镁盐 100mg/kg，发现天冬氨酸钾镁盐可明显降低因闭塞左冠状动脉前降支引起的心外膜电图的 S-T 段抬高而不影响血压和心率，研究表明天冬氨酸钾镁盐 100mg/kg 对急性心肌缺血有明显对抗作用，作用强度与静脉注射 2～4mg/kg 的罂粟碱相似。分别给高血压和低血压患者口服 200～1000mL 天门冬提取液后发现，其对绝大部分高血压患者和低血压患者的血压有稳定作用，这表明天门冬提取液中某些成分可作为一种血压稳定剂。

6.3.3　天门冬在抗瘤方面的药效

欧立军等（2010）研究发现，天门冬对急性淋巴细胞白血病、慢性粒细胞白血病及急性单核细胞白血病患者白细胞的脱氢酶活性有一定的抑制作用，并能抑制急性淋巴细胞白血病患者白细胞的呼吸。从天门冬中提取 3%左右的 80%乙醇沉淀物，经动物体内试验，发现其对小白鼠肉瘤 S_{180} 的抑制效果较明显，抑瘤率可达 35%～45%。给荷瘤小鼠每天灌服天门冬水煎剂 5g/kg 和 15g/kg 生药，发现明显抑制接种的 S_{180} 肉瘤和 H_{22} 肝癌瘤增大，对 S_{180} 肉瘤生长抑瘤率分别为 31.9% 和 38.8%。从天门冬中分离得到的菝葜皂苷元-3-O-[α-L-鼠李吡喃糖基（1,4）]-β-D-葡萄吡喃糖苷，在浓度为 10^{-6} 和 10^{-5} 时对人白血病细胞 HL-60 的生长抑制率分别为 41.9%和 100%，浓度为 10^{-5} 和 10^{-4} 时对人乳腺癌细胞株 MDA-MB-468 的抑制率分别为 99.3%和 99.4%（Zhang et al.，2004）。

6.3.4　天门冬的临床治疗应用

6.3.4.1　天门冬在呼吸系统方面的临床应用

1. 肺纤维化

任文辉和陈新政（2006）认为临床肺纤维化患者无论有无明显热象，症状多表现为干咳少痰或无痰、胸闷憋气、口渴喜饮、舌红苔薄等肺气阴不足，属燥热化火伤阴，肺津匮乏，失于输布，肺气不足，宣肃失司使然，宜补肺益肾，益气养血。中药予保真汤加减治疗：党参 15g，太子参 15g，黄芪 30g，白术 10g，茯苓 12g，天门冬 10g，麦门冬 10g，熟地黄 15g，当归 10g，白芍药 10g，地骨皮 12g，黄柏 10g，知母 10g。治疗 31 例，显效 12 例，有效 15 例，无效 4 例，总有效率 87.1%。

2. 喉源性咳嗽

喉源性咳嗽病因多是外感风邪，失于疏散，郁久为患（张青和李秀琳，2003）。拟清敛止咳汤治疗：金银花 30g，连翘 15g，杏仁 10g，牛蒡子 10g，射干 10g，桔梗 10g，天门冬 10g，款冬花 10g，紫菀 10g，百部 10g，川贝母 10g，乌梅 6g，甘草 6g。病程长者加生姜 3 片，大枣 5 枚，疗效较好。

3. 肺结核咯血

以月华丸加减治疗肺结核咯血疗效甚佳（闵捷和卢寅嘉，1985），疗方及疗法：天门冬 10g，麦门冬 10g，南沙参 10g，干地黄 10g，山药 10g，百部 6g，川贝母 10g，牡蛎 15g，川百合 10g，白及 6g，三七 3g（研末吞服），阿胶 10g（烊化）。

每日 1 剂，水煎分 2 次服。68 例中服药后咯血于 24h 内停止者 52 例，明显减少者 14 例，中断治疗疗效不清者 2 例。

4. 百日咳

天门冬合剂疗法：天门冬五钱，麦门冬五钱，百部根三钱，瓜蒌仁二钱，法半夏二钱，化橘红二钱，净竹茹二钱。加减法：鼻出血加白茅根五钱，藕节五钱，天门冬合剂治疗百日咳患者治愈率达 95%以上（裴慎，1956）。呕吐用伏龙肝五钱，开水泡化澄清，去渣，用此水煎药。久嗽用肺药不应者，金水同治（刘元琦，2001）。

5. 咳嗽变异性哮喘

以金水相生法治疗咳嗽变异性哮喘疗效显著（邓雪，2008）。拟二冬地黄汤治疗：天门冬 15g，麦门冬 15g，生地黄 10g，熟地黄 15g，炙百部 10g，川贝母 5g，蛤蚧 8g，炙甘草 6g，大枣 5 枚。伴有鼻塞流脓涕、喷嚏频作，加地龙、苍耳子；痰黄黏稠、咽痛明显，加桔梗、全瓜蒌；胸胁部疼痛、口苦吞酸，加柴胡、川楝子；舌紫暗，加当归、丹参。每日 1 剂，水煎分服。待咳嗽症状消失后继续服用 4 周，服药 2 周症状无任何好转则停用。本组 51 例，总有效率 91.07%。

6.3.4.2 天门冬在消化系统方面的临床应用

以酸甘化阴养胃为主，辅以疏肝、健脾、化瘀对慢性萎缩性胃炎进行辨证治疗，疗效较好（李秀芹，2000）。阴液枯涸，胃失濡养证候，治宜酸甘化阴。生津养胃处方：生地黄 15g，麦门冬 15g，白芍药 10g，乌梅 15g，沙参 15g，石斛 10g，甘草 5g，川楝子 10g，玉竹 10g，天门冬 10g，百合 15g，火麻仁 10g。水煎服，每日 1 剂。胃阴衰少，脾失健运，治宜酸甘养胃，健脾助运。药方：乌梅 15g，白芍药 12g，沙参 10g，麦门冬 12g，天门冬 10g，石斛 15g，党参 15g，白术 12g，山药 12g，生甘草 10g。水煎服，每日 1 剂。肝失条达，气滞血瘀，治宜酸甘濡润，通脉活血，理气止痛。药方：乌梅 15g，赤芍 12g，麦门冬 10g，天门冬 10g，玉竹 12g，石斛 12g，柴胡 10g，川楝子 10g，甘草 5g，丹参 15g，红花 6g，川芎 9g。水煎服，每日 1 剂。

6.3.4.3 天门冬在泌尿、生殖系统方面的临床应用

1. 乳糜尿

疗方：金钱草 30g，薏苡仁 30g，益智仁 30g，生地黄 15g，淮山药 15g，白茯苓 15g，天门冬 12g，菟丝子 12g，泽泻 10g。湿热重者加凤尾草 12g，白花蛇舌草 12g，粉萆薢 12g；肾阴虚火旺者加知母 10g，黄柏 10g；脾虚气陷加党参 10g，

白术 10g，升麻 10g；肾阳虚者加仙茅 10g，仙灵脾 10g；血尿加旱莲草 15g，白茅根 15g。每日 1 剂，水煎服，10d 为 1 个疗程，3 个疗程判断疗效，疗效满意（赵玉兰，2001）。

2. 男性不育症

滋阴补血生精、助阳补气方剂之疗方：熟地黄 150g，枸杞子 100g，山药 150g，当归 90g，菟丝子 150g，五味子 50g，覆盆子 90g，桑椹 100g，党参 100g，肉桂 20g，附子 30g，淫羊藿 50g，天门冬 90g，何首乌 100g，白芍 50g，沙苑子 100g（张伟伟和朱同贞，2004）。用泛制法制成水丸或水蜜丸，疗效明显。

6.3.4.4　天门冬在妇科方面的临床应用

1. 乳腺小叶增生

天门冬疗法制剂：天门冬加黄酒隔水蒸服法；天门冬静脉注射液每次 60g，用生理盐水或葡萄糖液 10～30mL 稀释后静脉注射，每日 1 次，也可加入 5%～10% 葡萄糖液 250mL 静脉滴注（高国俊，1976），疗效显著。

2. 乳房肿块

疗法：鲜天门冬剥皮，加适量黄酒，蒸半小时后吃天门冬，喝黄酒；剥皮后生吃，用适量黄酒送服；天门冬压榨取汁（天门冬汁），用适量黄酒送服。经治疗 15 例乳癌，疗效较明显，服药后，肿块缩小，质地变软。但远期疗效尚不明显，表现为相持状态。

3. 更年期综合征

滋阴清热疗方：麦门冬 15g，沙参 15g，玄参 15g，枸杞子 15g，山茱萸 15g，熟地黄 15g，天门冬 20g，石斛 20g，太子参 15g，茯苓 15g。心悸加龙骨、牡蛎各 20g；失眠加百合、酸枣仁各 20g；胸闷、忧虑加郁金、合欢花各 20g；潮热汗出加牡丹皮、浮小麦各 20g。每日 1 剂，文火水煎，早、晚各服 150mL，4 周为一个疗程，疗效满意（崔红和姜家康，2003）。

4. 子宫出血

疗法：带皮的生天门冬干品 15～30g（或鲜品 30～90g）水浸 20min，武火煮沸 10min 后，改用文火煎 20min，取药液 100mL，加入红糖 15～30g，每日早晚各服 1 次，10d 为一个疗程，血止后为巩固疗效，再服药 3～5 剂，疗效满意（杨明和郎丽艳，1993）。

6.3.4.5 天门冬在耳鼻喉科方面的临床应用

1. 慢性单纯性鼻炎

疗法：将生蜂蜜盛于洁净之陶罐中，纳入去皮鲜天门冬，蜂蜜量以恰好淹没天门冬为宜，罐口密封，20d 后启用；每次生食天门冬 2 支，开水冲服以天门冬浸用的蜂蜜 20g，早、晚各 1 次，10d 为一个疗程（卢训丛，1997），疗效良好。

2. 职业用嗓者急、慢性喉炎

急性喉炎疗方：板蓝根 30g，黄连 25g，黄芩 20g，连翘壳 20g，玄参 20g，桔梗 30g，天门冬 20g，麦冬 20g，生石膏 60g。水煎温服。慢性喉炎治方：玄参 30g，天门冬 25g，麦冬 25g，石斛 30g，桔梗 25g，泽泻 25g，赤芍 15g，连翘 20g，板蓝根 20g。疗效满意（赵一鹏和顾立德，1982）。

3. 声带小结

疗方：夏枯草 12g，麦门冬 10g，天门冬 10g，蝉蜕 5g，桔梗 5g，赤芍 10g，红花 10g，玄参 10g，芦根 30g，沙参 10g，薏苡仁 15g，生甘草 3g。用水煮沸 10min 后代茶饮，每日 1 剂，治疗期间停用其他药物，疗效较为满意（单金春和李廷元，2001）。

4. 慢性咽炎

疗法方剂组成：芦根 30g，桔梗 12g，天门冬 12g，麦门冬 15g，石斛 10g，五味子 10g，黄芩 12g，山豆根 6g，天花粉 12g，僵蚕 9g，丹参 12g，赤芍 10g。伴咳嗽加陈皮 12g，杏仁 6g；伴恶心、干呕加半夏 9g，竹茹 6g；伴音哑、咽痒加蝉蜕 9g，青果 9g，木蝴蝶 9g；肥厚性咽炎加浙贝母 9g；萎缩性咽炎重用赤芍 15g。水煎服，每日 1 剂，早晚分服。20d 为一个疗程，疗效显著（宋朝军和余守雅，2005）。

5. 急慢性喉炎

急性喉炎（暴暗）基本疗方：板蓝根、黄连、黄芪、连翘壳、玄参、桔梗、天门冬、麦冬、生石膏，水煎温服（刘长有和肖文海，2007）。慢性喉炎（久暗）基本方：玄参、天门冬、麦门冬、石斛、桔梗、泽泻、赤芍、连翘、板蓝根。重用养阴益气之品，佐以活血化瘀，利水渗湿药（刘长有和肖文海，2007）。

6. 久衄不愈

疗方：生地黄 18g，苍术 12g，天门冬 12g，芡实 6g，枣仁 12g，薏苡仁 9g，生甘草 3g（吴克纯，1985）。制法及用法：上药煎汤，将鲜鸡蛋一个，除去蛋黄，趁热调入汤药内，混匀内服。每次兑服一个鸡蛋的蛋清，日服 3 次。

7. 阴虚耳鸣、耳聋

疗方：天门冬 6g，熟地黄 6g，煎汤代茶每日饮之，7d 为 1 个疗程，一般 2 或 3 个疗程即可治愈，疗效较好（郑月辉和吕维宁，2008）。

6.3.4.6　天门冬在口腔科方面的临床应用

1. 复发性口疮

复发性口疮初期可清热泻火；反复发作，病程长者疗方：玉竹、生石膏、沙参、麦门冬、女贞子、生地黄、熟地黄、枸杞子、石斛、桑叶、木通、天门冬、炙甘草（院内制剂，每包 10g），每日 2 次，每次 1 包，7d 为 1 个疗程，一般服用 1 或 2 个疗程（杜申钊和苏平，2007）。治疗有效率 98%。

2. 复发性口腔溃疡

滋阴清热汤疗方：生地黄 30g，熟地黄 20g，生石膏 30～60g，天花粉 20g，栀子 15g，柴胡 15g，黄芩 12g，天门冬 10g，玄参 15g，青黛 9g，丹皮 15g，白芍 15g，山药 20g，生甘草 9g。水煎服，一天 1 剂，分 2 次服，疗效极显著（武绍德等，2005）。

6.3.4.7　天门冬在抗衰老方面的临床应用

在柏子仁、杜仲、天门冬配伍的抗衰老处方有长青益寿丹、延合固本丹、保真丸、彭祖延年柏子仁丸。使用了柏子仁、杜仲、天门冬的配伍规律，且取柏子仁的用量为 70g，杜仲的用量为 60g，通过回归方程计算出天门冬的用量应为 70g（徐旭，2002）。

6.3.4.8　天门冬在燥证方面的临床应用

以天门冬等滋阴之品为主药配方治疗燥证效果明显（傅义，1989）。用杞菊地黄丸合一贯煎：天门冬、山萸肉、密蒙花、青葙子、蝉蜕等治疗肝燥证，其症见肝阴不足，肝血亏虚，血燥生风，两目干涩瘙痒；用左归饮加天门冬、女贞子、桑葚子等治疗肾燥证，表现头发干枯脱落，头皮瘙痒，两目干涩，两耳干燥，齿干津少等；方用养血润肤汤加生地黄、熟地黄、刺蒺藜、制首乌、女贞子、淮山药、天门冬、白鲜皮、蝉蜕、玄参等治疗荨麻疹之血燥证，表现全身皮肤起皮疹，呈鲜红色，剧痒等。

6.3.4.9 天门冬在抑制淋巴瘤方面的临床应用

天门冬、白花蛇舌草对淋巴瘤有抑制作用，结合化疗、放疗和生物治疗使性淋巴瘤 5 年治愈率在早期可达 80%，在晚期和复发病例达 50% 以上，天门冬方剂具有扶正抗癌，不损伤机体而抑制恶性淋巴瘤的疗效（高兰平和高国俊，1998）。

参 考 文 献

崔红, 姜家康. 2003. 滋阴清热法治疗更年期综合征 36 例. 中医药信息, 20(4): 29.

邓雪. 2008. 金水相生法治疗咳嗽变异性哮喘 56 例. 中国中医急症, 17(1): 68.

丁稳林, 江南鹤. 2007. 花艺教室——别致有趣的装饰插花. 园林, (10): 40-41.

杜申钊, 苏平. 2007. 中药治疗复发性口疮 60 例. 中国民间疗法, (4): 20.

傅义. 1989. 内燥证治验举隅. 江西中医药, (5): 29.

高国俊. 1976. 天门冬为主治疗乳腺小叶增生临床观察. 江苏医药, (4): 33.

高兰平, 高国俊. 1998. 中西医结合治疗恶性淋巴瘤 185 例疗效分析. 苏州大学学报: 医学版, 18(5): 500.

李树华, 张文秀. 2009. 园艺疗法科学研究进展. 中国园林, (8): 19-23.

李秀芹. 2000. 慢性萎缩性胃炎的治疗体会. 河北中医, 22(4): 284-285.

刘元琦. 2001. 金水同治法治咳嗽一得. 山东中医杂志, 20(8): 505.

刘长有, 肖文海. 2007. 中医药治疗急、慢性喉炎 50 例. 中国社区医师: 医学专业, (24): 116-117.

卢训丛. 1997. 蜂蜜天冬治疗慢性单纯性鼻炎. 中国民间疗法, (2): 44.

闵捷, 卢寅嘉. 1985. 月华丸方加减治疗肺结核咯血 68 例. 广西中医药, 8(2): 24.

欧立军, 叶威, 白成, 等. 2010. 天门冬药理与临床应用研究进展. 怀化学院学报, 29(2): 69-71.

裴慎. 1956. 天门冬合剂治疗百日咳 113 例疗效的报告. 中医杂志, (12): 631-633.

任文辉, 陈新政. 2006. 中西医结合治疗肺纤维化 31 例. 河北中医, 28(1): 56.

单金春, 李廷元. 2001. 开音消结饮治疗声带小结 35 例. 河北中医, 23(4): 308.

盛爱武, 袁建仲, 周厚高. 2007. 乙烯及保鲜剂对天门冬切叶的影响. 江苏农业科学, 35(1): 96-98.

宋朝军, 余守雅. 2005. 自拟喉痹消治疗慢性咽炎 120 例. 辽宁中医杂志, 32(10): 1065.

王加锋, 滕佳林, 刘珊. 2012. 天门冬临床应用进展. 中药与临床, 3(4): 61-65.

王廷芹, 徐秀琼, 谢梅凤. 2016. 不同浓度赤霉素对天门冬切叶的保鲜效应. 热带生物学报, 7(1): 64-69.

吴克纯. 1985. 久衄验方. 四川中医, (1): 33.

武绍德, 张禹, 武明. 2005. 滋阴清热治疗复发性口腔溃疡 368 例观察. 中华保健医学杂志, 7(1): 30.

徐旭. 2002. 抗衰老处方用药规律分析. 河南中医药学刊, (4): 28.

杨明, 郎丽艳. 1993. 带皮生天门冬治疗子宫出血 7 例报告. 中医杂志, (9): 534.

张明发, 沈雅琴, 朱自平, 等. 1997. 辛温(热)合归脾胃经中药药性研究(V)抗腹泻作用. 中药药理与临床, 13(5): 2-5.

张青, 李秀琳. 2003. 中西医结合治疗喉源性咳嗽临床观察. 天津中医药, 20(2): 31.

张伟伟, 朱同贞. 2004. 中药治疗男性不育 169 例. 中国民间疗法, 12(8): 54.

赵一鹏, 顾立德. 1982. 对职业用嗓者急慢性喉炎的临床报告. 新中医, (5): 47.

赵玉兰. 2001. 自拟方治疗乳糜尿 30 例. 安徽中医临床杂志, 13(4): 289.

郑月辉, 吕维宁. 2008. 治疗阴虚耳鸣耳聋方. 中国民间疗法, (10): 63.

金恩一, 藤井英二郎. 1994. 植物の色彩と眼球運動及び脳波との関わりについて. 造園雑誌, 57(5): 139-144.

Yamane K. 2000. Effects of cut flowers on physiological and psychological parameters of human being under stress. Journal of Environmental Horticulture, 14(2): 97-100.

Zhang H J, Sydara K, Tan G T, et al. 2004. Bioactive constituents from *Asparagus cochinchinensis*. Journal of Natural Products, 67(2): 194-200.